国家自然科学基金项目(52074304，51704299)

阻化泡沫防治煤炭自燃技术与实践

Zuhua Paomo Fangzhi Meitan Ziran

Jishu yu Shijian

陆新晓／著

中国矿业大学出版社

·徐州·

内容提要

煤炭自燃是矿井生产中的主要自然灾害之一。本书提出了采用阻化泡沫防治大空间煤炭自燃的方法;系统介绍了利用射流汽蚀现象实现发泡剂自动定量添加的方法,该方法克服了常规添加方式受压力浮动影响大的技术缺陷;研制了矿用新型螺旋射流式泡沫发生器,实现了气液低阻高效发泡,保障了矿用灭火泡沫的大流量可靠制备;设计了集成化发泡装置,提高了泡沫灭火的现场适用性;建立了以火区温度和指标气体为主要指标的灭火效果评价体系,为大空间煤炭自燃的科学治理提供了关键技术支撑。全书内容丰富、层次清晰、论述有据、图文并茂,理论性和实用性强。

本书可供从事安全工程及相关专业的科研与工程技术人员参考使用。

图书在版编目(CIP)数据

阻化泡沫防治煤炭自燃技术与实践 / 陆新晓著. —
徐州 : 中国矿业大学出版社,2021.8
ISBN 978 - 7 - 5646 - 5116 - 9

Ⅰ. ①阻… Ⅱ. ①陆… Ⅲ. ①煤炭自燃—泡沫灭火—
灭火剂—研究 Ⅳ. ①TD75

中国版本图书馆 CIP 数据核字(2021)第 176178 号

书　　名	阻化泡沫防治煤炭自燃技术与实践
著　　者	陆新晓
责任编辑	王美柱
出版发行	中国矿业大学出版社有限责任公司
	(江苏省徐州市解放南路　邮编 221008)
营销热线	(0516)83884103　83885105
出版服务	(0516)83995789　83884920
网　　址	http://www.cumtp.com　E-mail:cumtpvip@cumtp.com
印　　刷	苏州市古得堡数码印刷有限公司
开　　本	787 mm×1092 mm　1/16　印张 7　字数 175 千字
版次印次	2021 年 8 月第 1 版　2021 年 8 月第 1 次印刷
定　　价	42.00 元

(图书出现印装质量问题,本社负责调换)

前　言

采空区煤炭自燃是煤矿生产中的主要自然灾害之一，它不仅烧毁或冻结大量煤炭资源，而且易诱发瓦斯爆炸，从而造成更大的人员伤亡和财产损失。采空区煤炭自燃存在火源隐蔽、过火面积大、火区呈空间立体分布的特点，传统的灌浆、注惰气、喷洒阻化剂等防灭火技术难以有效治理大空间煤炭自燃火区。大流量阻化泡沫是防治采空区火区的有效技术手段，但现有泡沫制备技术存在发泡剂添加不稳定，泡沫发生器产泡性能弱，阻力损失大的不足；另外，煤矿现场大流量泡沫实施工艺科学性的缺失，也严重制约了该项技术的发展。本书以制备大流量泡沫为出发点，创新性提出了泡沫高效制备方法与核心技术，具体章节内容如下：

第1章介绍了目前泡沫灭火技术应用现状，深入分析了现有发泡剂添加类型及泡沫发生器的优缺点，并基于此提出了治理大空间煤炭自燃火区亟须解决的泡沫制备的四个关键科学问题。

第2章提出了射流汽蚀定量添加发泡剂的原理和方法，阐述了汽蚀界面波理论，分析了汽蚀界面波运动特点及实现稳定吸液的机制，探究了出口压力、流量比、汽泡区范围对射流装置汽蚀吸液性能的影响。

第3章研制了矿用新型螺旋射流式泡沫发生器，并结合煤矿泡沫灭火的现场条件，构思设计该装置由射流喷嘴、螺旋喷头、扩散管和双层复合凹面网构成；系统地实验研究了供液压力、供液流量、出口压力对螺旋射流式泡沫发生器产泡性能的影响。

第4章研究了泡沫在多孔介质采空区内的流动特性，设计了灭火泡沫制备工艺，构建了可视化采空区平台和泡沫灌注系统，探究了泡沫在多孔介质内的堆积性、扩散性、稳定性、封堵性、阻化性及对高位火源的灭火降温特性。

第5章开发了基于发泡剂汽蚀定量吸液与螺旋射流高效发泡的矿用大流量泡沫灭火技术，有针对性地提出了露天矿与井工矿大流量泡沫实施工艺及具体灭火技术方案，建立了现场泡沫灭火效果评估指标体系，并成功进行了工业性试验。

本书的撰写离不开中国矿业大学王德明教授的悉心指导，王老师提出了许多宝贵的意见。值本书出版之际，向王老师表示衷心的感谢！同时，本书得到了国家自然科学基金项目（52074304,51704299）的资助，在此表示感谢！

由于笔者水平所限，书中不足之处在所难免，恳请读者批评指正。

著　者
2021 年 7 月

目　　录

1 绪 论

1.1 研究背景及意义

煤炭是我国的主要能源,2020 年全国原煤产量达 39 亿 t,较 2019 年增长 1.4%[1];同时,我国是一个能源消费大国,2020 年我国煤炭消费量占能源消费量的 56.8%,占一次能源消费量的 58.2%,占全球煤炭消费量的 50.6%[2];且社会对能源的需求仍在不断增加,美国"21 世纪煤炭"重大咨询研究显示,中国煤炭需求 2030 年将达峰值[3],将达 45 亿~51 亿 t[4]。在未来相当长的时期内,煤炭作为我国主体能源的地位不会改变[5-6]。从空间布局上看,我国煤炭资源主要分布在西北和华北地区,其中,新疆、内蒙古、山西、陕西、宁夏、甘肃等六省区探明煤炭储量约占全国的 80% 左右,是事关我国能源安全和经济发展的能源战略基地,随着我国煤炭工业布局的进一步西移,上述地区的战略地位日益凸显。煤炭工业承载着我国经济发展、社会进步和民族振兴的重任,为此,在煤炭高效开采的同时,必须加强安全投入,提高煤矿安全科技创新水平,确保煤炭工业持续、健康、稳定发展。

在煤炭开采过程中,由煤炭自燃引发的矿井火灾是主要自然灾害。我国煤炭成煤时期多,煤田地质类型多样,自燃、易自燃煤层矿区分布较广,尤其是最近几十年,随着综采放顶煤技术的大力推广和应用,瓦斯抽采效率及煤炭生产效率均大幅提高,但也造成顶板垮落高度大,采空区遗留残煤多、漏风严重,从而使得矿井煤炭自然发火更加频繁[7-8]。统计显示,90% 以上的矿井火灾是由煤炭自燃引起的;除北京市外,全国 25 个主要产煤省区的 130 余个大中型矿区,均不同程度地受到煤层自然发火的威胁;70% 以上的大中型煤矿存在煤层自然发火危险;全国 657 处重点煤矿中,有煤层自然发火倾向的矿井占 54.9%,最短自然发火期小于 3 个月的矿井数量占 50% 以上,每年因煤炭自燃引起的隐患超过 4 000 次,造成的灾害超过 360 次;我国煤矿至今仍残存火区近 800 个,封闭和冻结的煤炭资源量达 2 亿多吨[9-10]。露天矿煤炭自燃灾害同样相当严重,据已查明的资料,目前我国正在燃烧的煤田火区有 56 处,主要位于北纬35°~45°之间干旱和半干旱的北方地区,呈东西向分布且燃烧强度自西向东呈减弱趋势,累计火区面积达 720 km²,每年直接烧毁煤炭 1 000 万~1 360 万 t。煤田自燃每年至少造成 200 亿元人民币的经济损失,煤田火以新疆最为严重,其次为宁夏和内蒙古;另外,四川叙水、福建龙岩、湖南怀化等地出现了新的煤田火区[11-15]。煤炭自燃不仅烧毁大量煤炭资源,还造成土壤沙化、植被死亡、地表塌陷,会破坏当地生态环境,污染地下水资源;而且燃烧过程产生 CO、SO_2 等大量有毒有害气体[16-20],对人员生命安全构成严重威胁;煤炭自燃还易引发瓦斯、煤尘爆炸事故,从而造成更大的人员伤亡与经济损失,对社会的稳定和谐发展产生恶劣影响。仅 2010—2014 年期间,全国煤矿共发生火灾事故 25 起,造成 249 人死亡,分别占煤矿事故总量和死亡人数的 0.6% 和 3.2%。

世界上其他主要产煤国家同样面临不同程度的煤炭自燃危害。1950—1977 年,美国发生的矿井火灾中,11% 是煤炭自燃灾害[21];1990—2007 年,美国发生的 138 起煤矿火灾中有 20 多起为煤炭自燃火灾,其中 3 起煤炭自燃火灾还引发了瓦斯爆炸[22]。1972—2004 年,澳大利亚昆士兰地区发生了 51 起煤炭自燃火灾,其中 3 起引发了严重的爆炸事故,导致 41 人遇难和矿井永久封闭[23]。1947—2006 年,波兰共发生 7 757 次煤矿火灾,其中 79% 为煤炭自燃火灾[24]。在印度,80% 的煤矿火灾是由煤炭自燃引发的[25]。印尼由于大部分开采煤层变质程度较低,且以褐煤居多,面临的煤炭自燃灾害十分严重[26-27]。

煤炭自燃是具有自燃倾向性的煤,在有适宜的供氧量、蓄热氧化环境和时间的条件下,发生物理化学变化的结果[28-30]。采空区属于半开放空间,遗煤多且呈破碎状,漏风通道多,热量易于积聚,是发生煤炭自燃的重要区域。为防治采空区煤炭自燃,目前,国内外多采用均压、堵漏、灌浆、注惰气、喷洒阻化剂、注胶体等防灭火技术[31-38]。这些技术对保障煤矿安全生产起到了重要作用,但也存在不足,其优缺点如表 1-1 所示。浆液重力大,在采空区只沿着地势低的方向流动,不能向高处堆积,无法均匀覆盖煤体,易形成"拉沟",而且渗流范围小,扩散能力弱,只能治理小空间低位火源点,对大面积采空区隐蔽火源治理效果极差[39]。惰气(N_2 和 CO_2 等)难以形成封闭空间,且惰气随漏风逸散,不易滞留在采空区,灭火周期长,惰化效果差,灭火降温能力弱;虽然惰气本身无毒,但具有窒息性,浓度较高时对人体有害;在高温情况下,CO_2 还会转化为 CO,从而恶化工作面环境。阻化剂或细水雾治理范围非常有限,防灭火效果不理想,而且部分阻化材料易腐蚀井下设备。胶体流量小,成本高,扩散范围小;高分子胶体还易产生有毒气体(如 NH_3),危害工人身心健康[40-42]。

表 1-1 常用防灭火技术的优缺点

防灭火技术	材料/设备	优 点	缺 点
均压防灭火技术	风窗、风机、连通管、调压气室	可减少工作面漏风,工艺简单,成本低	对工作面回采巷道顶煤、上分层采空区、煤柱自燃作用不大
堵漏防灭火技术	抗压水泥浆、高水速凝材料、聚氨酯、泥浆泡沫等	水泥浆、聚氨酯抗压性好,隔氧效果好	工作量大,回弹率大,成本高,高温分解并释放出有害气体
灌浆防灭火技术	黄泥、粉煤灰、矸石、砂子、石膏等	包裹煤体,隔氧吸热;工艺简单;成本低	不能处理高位火源,覆盖面积小,易跑浆和溃浆,恶化环境
注惰气防灭火技术	N_2 和 CO_2 等	惰化火区,无腐蚀性	易随漏风扩散,灭火周期长;降温效果差,火区易复燃
喷洒阻化剂防灭火技术	$CaCl_2$、$MgCl_2$、有机物质、表面活性剂等	惰化煤体;吸热降温,并使煤体长期处于潮湿状态	液膜易干涸破裂,有腐蚀性,工艺实施困难
注胶体防灭火技术	稠化胶体、复合胶体和高分子胶体	包裹煤体,封堵裂隙效果好;耐高温;防治局部火源效果明显	流量小,流动性差;易龟裂;产生有毒气体;材料成本高

此外,随着大型机械开采设备的广泛使用,煤炭自燃的三维空间特性逐渐显现出来,矿井防灭火工作的思路已不能仅局限于二维空间,采空区高位浮煤自燃严重的问题必须受到重视,需要一种能够对大空间高位浮煤进行有效覆盖、润湿的防治手段。因此,研发新的矿井灭火技术以快速治理大空间采空区煤炭自燃,减少煤炭资源的浪费,对保证矿井安全生产,改善井下作业环境意义重大,具有巨大的经济和社会效益。

1.2　泡沫灭火技术应用现状

采空区煤炭自燃具有火源隐蔽、过火面积大、火区呈空间立体分布的特点,采用传统的防灭火技术存在明显不足。泡沫作为一种新型灭火材料,被逐渐应用于采空区火区防治。常用的泡沫灭火材料有凝胶泡沫、三相泡沫和两相泡沫。

(1) 凝胶泡沫

在普通泡沫中添加胶凝剂和交联剂,利用其交联作用产生立体网状结构,遂形成凝胶泡沫[43]。凝胶泡沫性质特别,它既具有凝胶的性质,又具有泡沫的特点,抗温、抗烧、凝结、固水、封堵及阻化性能较好,成膜性好,能长期有效覆盖煤体,降低煤体周围氧气浓度,防复燃效果突出[44-45];凝胶以泡沫为载体,灭火材料灌注量得到了一定的提升,灭火效率较高,对小范围高冒区煤炭自燃防治效果明显[46]。田兆君[47]采用罗氏泡沫仪(Ross-Miles 法)和孔板打击法,研制出了一种能制备发泡能力强、凝胶时间可控、泡沫强度较高、稳定时间长的凝胶泡沫发泡剂;并针对应用实际情况,研制了发泡剂的相关助剂,包括增泡稳泡剂和抗冻剂等;通过凝胶泡沫对煤的阻化实验,证明了凝胶泡沫具有良好的阻化性能和封堵性能。秦波涛等[48]研究了具有延迟交联的弱凝胶特征的凝胶泡沫防灭火技术,探究了凝胶泡沫体系内稠化剂和交联剂相互作用的物理化学过程及机制,并研制出具有成膜功能的高效防灭火凝胶泡沫材料,揭示了凝胶泡沫成膜的影响因素及成膜后的防热辐射和封堵漏风特性。J.M.Matthew 等[49-50]研究了凝胶泡沫在多孔介质内的演化过程,深入探索了凝胶泡沫通过小孔的动态过程,分析了泡沫数量与小孔结构尺寸的关系。凝胶泡沫制备系统通常由供气系统、供水系统、发泡剂添加泵、促凝剂(胶凝剂)添加泵、凝胶泡沫发生器组成,气源通常为氮气;水、氮气、发泡剂、促凝剂(胶凝剂)在泡沫发生器内混合,形成凝胶泡沫[51-52]。由于有发泡剂的加入,制备出的凝胶泡沫量较常规凝胶量大得多,但受胶凝剂限制,凝胶泡沫发泡倍数不高(<30 倍),发泡量较两相泡沫小得多,因而,在进行大空间采空区火区治理时,凝胶泡沫存在发泡倍数不高、泡沫量不足的缺陷,难以对立体空间火区,尤其是高位火源进行有效的包裹和覆盖。凝胶泡沫制备系统设备较多,整体尺寸大,操作及移动不方便,尤其是在空间狭小的巷道或者工作面使用时,灵活性及操作性受很大限制,而且制备凝胶时,一般至少需要两个定量泵添加物料,电气设备多,在井下使用过程中装置本质安全性差。

(2) 三相泡沫

将不溶性固体不燃物(黄泥或粉煤灰)分散在水中,通入气体(N_2)并添加发泡剂,通过泡沫发生器充分搅拌混合,形成固体颗粒均匀附着在气泡壁上的气-液-固三相体系,即三相泡沫。三相泡沫集注浆、泡沫和氮气防灭火功能于一体,又克服了各自不足,可在采空区内向中高处堆积,对低、高处的浮煤均能有效覆盖,避免了普通注水或注浆工艺中浆水易沿阻力小的通道流失的现象;三相泡沫具有降温、阻化、惰化、抑爆等综合防灭火性能,可用于扑灭和防治采空区火灾、防治大倾角俯采综放面采空区煤炭自燃、扑灭采空区高位和不明位置火源等[53-56]。三相泡沫防灭火技术最早由中国矿业大学王德明教授于 2000 年提出,之后该技术在国内逐渐被推广应用,目前,全国 60% 以上的矿井都采用过该技术,经济与社会效益突出。三相泡沫制备系统由注氮机、泥浆泵、发泡剂添加泵、泡沫发生器组成,其中,泡沫发生器采用文丘里-挡板结构[57],发泡过程阻力损失较大,同时由于文丘里喉管较小,极易引起泥浆堵塞,泡沫发生器产泡量不是太大,发泡倍数偏低(30 倍),而且三相泡沫制备通常采用定量泵添加发泡剂,系统可靠性较低,移动也不太方便。因而,三相泡沫防灭火技术同其他防灭火技术一样,需要在长期矿井火灾的现场应用中改进提高。

(3)两相泡沫

采用高倍数泡沫进行井下灭火是于 20 世纪 50 年代发展起来的[58-59]。1956 年,在第九届国际煤矿安全研究所所长会议上,英国矿山安全研究所的 H.S.伊斯纳尔和 P.B.史密斯提出了用高倍数泡沫扑灭井下巷道火灾的实验报告[60]。1986 年,日本的井清武弘在400 m巷道内进行高倍数两相泡沫灭火实验,得出了泡沫输送压力与输送距离的关系,同时得出了泡沫对降低燃烧区温度及 CO 等气体浓度的作用明显的结论[61-62]。美国矿业局(United States Bureau of Mines,USBM)通过实验得出灭火泡沫含水率不能小于 0.2 kg/m³,否则其灭火效率会降低的结论[59]。在印度,高压膨胀泡沫被成功用于扑灭 Czech 矿工作面采空区火灾,当泡沫供给压力足够大时,泡沫可传输 300 m[63]。两相泡沫用于我国煤矿灭火的实验研究始于 1959 年。1964 年,煤炭工业部组织了高倍数泡沫装备技术鉴定,几十年来,这些装置在处理井下火灾事故中多有应用[64],其强大的威力和良好的灭火效果越来越为人们所认识。高倍数两相泡沫以其流量大,扩散堆积性好的优点,已被认为是扑灭大空间隐蔽火源的重要选择。

早期的泡沫灭火过程利用鼓风机使泡沫发生器产生大流量泡沫,将泡沫推至火区,之后采用高压制氮机作为动力装置向采空区灌注泡沫[65-67]。泡沫灭火系统分为泡沫制备与泡沫输送两部分,其中,泡沫制备是决定泡沫灭火效果的关键。泡沫制备方法有两种:一种是将发泡剂与水预先混合,形成均匀泡沫液,并通过泵体注入泡沫发生器,与压风混合,形成泡沫;另一种是利用专门的添加装置,将发泡剂添加至有压输水管路中,在管路中混合形成预混泡沫液,压风与泡沫液在泡沫发生器内混合发泡。第一种制备方法可减少添加发泡剂的环节,系统相对简单,但需要较大的蓄液池,井下适用性不强;第二种制备方法操作简单,设备移动方便,井下适用性较好,是目前井下灭火泡沫制备的常用方法。

1.3　泡沫制备技术研究综述

防灭火泡沫由水、发泡剂(含阻化剂)和气体组成,其制备过程涉及发泡剂组分配制、发泡剂的添加及气液混合发泡三个环节。目前,中国矿业大学通风防灭火课题组对发泡剂组分的研究已较为成熟,研制出的发泡剂成本低、发泡倍数高且阻化能力强[68-70]。鉴于此,本书主要从发泡剂的添加和气液混合发泡两个方面阐述和剖析防灭火泡沫制备技术的研究现状及其存在的问题。

1.3.1　现有发泡剂添加类型

防灭火泡沫制备的前提是发泡剂的稳定可靠添加。目前,发泡剂的添加主要可分为定量泵添加、压风置换添加、孔板压差添加和文丘里添加四种类型。

（1）定量泵添加

定量泵（计量泵）添加根据供水管路流量和所需物料浓度,提前设定定量泵流量,设备工作时,定量泵联动,物料被引入泵体,并通过定量泵压入输水管路,在管路中,物料和水一起流动并混合,从而得到所需的物料溶液。目前,煤矿应用最多的物料定量泵是螺杆泵。定量泵添加准确度高,可控性强,可实现既定比例下的精确添加[71-72],通常在井下用于添加发泡剂、胶体促凝剂、交联剂等;但随着井下对电气设备防爆等级要求的提高,定量泵在井下的使用范围和空间受到严格限制,而且泵体较长,占据空间大,笨重,安装移动不便[73],转动部件易磨损,拆装维护困难。针对发泡剂等具有较大黏度的物料,通常需要配备专门的定量泵。

（2）压风置换添加

压风置换添加通过向发泡剂（或泡沫液）容器上方通入压风,利用压缩气体的能量将发泡剂添加至供水管路（或将泡沫液压入泡沫发生器）。压风置换添加装置结构简单、操作方便、压力损失小,只需要通过阀门调节风量即可控制发泡剂添加量,但可调比例偏大,不够精确,且使用时需要将压风分成两路,气量调节困难,容易导致发泡装置运行不稳定[74-75]。另外,此装置以风压为动力,工作地点必须有压风,且风压大于水压,否则装置无法运转;在煤矿井下,风压一般不大于水压,故此种添加装置在很多工作地点不适用。

（3）孔板压差添加

孔板压差添加通过孔板通孔的数量和面积来改变孔板前后的压差,发泡剂在孔板前高压水的作用下,被挤压到孔板后的低压水管路中。孔板压差添加装置添加精度较低,供水管路压力损失较大,且由于添加环节是利用压差将液体加入主管道的,因而,液体的压入形式非常重要,通常要考虑压入过程中设备的密封及承压问题,一旦隔板（胶囊）破损,压力水将直接混入发泡剂,添加将失效[76-79]。

（4）文丘里添加

文丘里添加是目前使用最为广泛,也最为简易的添加形式。文丘里添加装置基本结构如图 1-1 所示,采用"收缩-喉管-扩散"结构取代单一孔板,速度及压力变化较为平缓,结构内部不易形成湍流涡团,相对孔板,压力波动小,压差相对稳定[80]。

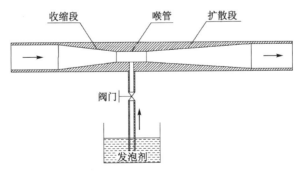

图 1-1　文丘里添加装置基本结构

文丘里添加装置的工作原理是,压力水进入收缩段后,截面面积变小,流速增大,静压降低;在喉管处,速度达到最大,静压达到最小,形成负压,发泡剂在外界大气压力的作用下被自动吸入喉管,与压力水混合,从而实现发泡剂的比例混合添加,通过阀门可调节发泡剂添加量。在实际工作过程中,经常取负压－20 kPa 和－70 kPa 为文丘里结构能稳定吸液的两个临界值,通过确定文丘里结构尺寸,进而确定其工作流体允许的最大流量与产生负压所需的最小流量[81-84]。该添加方式具有结构简单、操作容易、安全性好的优点,在消防灭火、农业施肥灌溉领域有广泛应用,但其添加过程压差损失大,部分损失可达 90％以上[85-86],添加比例高,通常为 3％～6％[87-88]。

1.3.2　现有泡沫发生器类型

泡沫发生器是制备泡沫流体的专用发泡装置,其产泡性能直接决定着泡沫灭火实施的最终效果。目前,国内外泡沫发生器种类多,样式繁杂。按发泡方式及原理,可将泡沫发生器分为网式、涡轮式、挡板式、充填介质式和射流式等五种。

（1）网式

网式泡沫发生器是当前应用最为广泛的两相泡沫发生装置,在地面建筑、地铁、石油化工等行业已得到普遍使用[89-93]。20 世纪 70—90 年代,美国、苏联、日本和我国在矿山泡沫的制备中,多采用网式泡沫发生器[94-96]。网式泡沫发生器的基本组成部件是喷嘴和发泡网,如图 1-2 所示,其工作原理是将泡沫液喷洒至网面,形成液膜,借助鼓风机(风扇)使网面上泡沫液起泡。

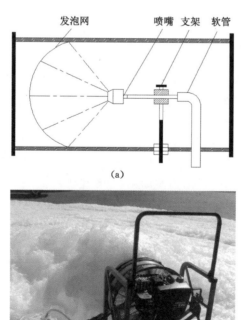

(a)

(b)

图 1-2　网式泡沫发生器

合理的风速和网面上泡沫液的均匀分布是保证网式泡沫发生器效果的关键。当泡沫液分布不均匀时,网面中心部位喷液量大、风速小,网面上各部位泡沫液量峰值相差较大,风泡比高,成泡率低,泡沫产生量小;当泡沫液分布均匀时,各部位泡沫液量峰值相差较小,网面得到了充分利用,成泡率高,泡沫转化率可达 95%。发泡网形状对发泡性能影响明显,"抛物面"形发泡网的风阻小,泡沫液分布均匀,产泡量大,对发泡最为有利。此外,网式发泡效果受网孔大小、网层数及材质影响[97]。网孔大小主要影响液膜曲率半径,进而影响发泡倍数,一般网孔直径为 2~4 mm 时,发泡效果较好;网层数以 1~3 层为宜,供风量小时采用 1 层,供风量大时采用 2~3 层,继续增大网层数,会对发泡效果产生负面影响;对溶液具有高吸着力的发泡网,产泡效率较高,因而,棉纤网优于尼龙网,尼龙网优于金属网。网式发泡具有发泡倍数高、产泡量大(100~200 m³/min)、风泡比低(1.05~1.25)、耗水量小(150~300 L/min)的优点[98],但传统网式发泡存在出口压力低的不足,从而使得泡沫的长距离传输困难。

(2)涡轮式

涡轮式发泡通常采用旋转叶片、涡轮等结构,使风流与泡沫液实现高强度混合发泡,混合程度较高。涡轮式发泡形成的气泡大小取决于液体紊流度和混合时间,涡轮组件类似于涡轮钻中的定子和转子,高速回转的涡轮组件在增大气泡的机械切割强度的同时,使流道内流体方向、截面及形状不断变化[99],从而可提高流体速度及变化频率,产生涡流团,增大气液混合、碰撞、挤压的机会,发泡效率较高。涡轮式泡沫发生器发泡效果受涡轮直径、叶片角度、叶片数量、叶轮转速及涡轮级数的影响[100],一般涡轮级数越高,泡沫粒径越均匀,但涡轮级数达到三级以后,泡沫均匀性变化不是特别明显。此类泡沫发生器的优点是发泡效率高,性能稳定,产生的泡沫微细、致密均匀,最小泡沫直径可达 0.02 mm,其中粒径 0.1 mm以下的泡沫占 85% 以上;缺点是涡轮组件的制造相对复杂,阻力损失较大,转子为其内部运动部件,易耗损,整体可靠性较差,拆装、维修比较困难。

(3)挡板式

挡板式泡沫发生器采用交错挡板强制改变流体的流动方向,可改善气、液两相充分混合的效果。相对涡轮式泡沫发生器,挡板式泡沫发生器结构简单,发泡易于实施,但生成的泡沫均匀性较差,发泡倍数低(<10 倍),发泡环节能量损失大,涡流现象明显,尤其是立式挡板式泡沫发生器[101],其相当于将来流进行 90°折转,此过程的能量损失很大。传统的三相泡沫发生器采用的就是挡板式发泡,造成发泡过程能量损失非常大,泡沫发生器出口压力小,驱动能力不足。采用倾斜或螺旋状挡板在一定程度上可克服此缺陷[102-103],可较大限度地减少混合过程的机械损失,从而使得挡板处形成的涡流损失最大限度转化为泡沫内能,实现泡沫液与压风的高效混合。

(4)充填介质式

充填介质式发泡器的工作原理是,利用充填介质的紊流作用,使流经的气泡不断发生翻转、切割碰撞、搅拌扩散,实现气泡的细微化,增大气液接触面积,改变气液流动方向,延长气液接触时间,提高气体溶解率。充填介质式发泡大多采用小圆球、棘爪环、钢棉、车床铁屑及玻璃球等作为填充物[104-106],利用"卡门涡街"效应,在颗粒后部形成一定程度的涡街,在高雷诺数($Re > 10^4$)的条件下,涡街转变为湍流,并按一定的频率周期性产生旋涡,将动能转化为内能,气液流经旋涡区时,产生大量泡沫。充填介质式发泡受充填空间大小、介质的形状及尺寸影响较大。充填空间越大,气液混合越充分,发泡效果越好。由于气泡形成于颗粒缝隙间,因此充填颗粒越小,气液接触面积越大,形成的气泡尺寸越细密,泡沫越稳定。但由于该发泡方式采用的是旋涡发泡的形式,因而,在充填空间内,局部损失很大,这对进口压力要求较高；为防止堵塞，该发泡装置对进口水质要求也较高。

（5）射流式

射流式泡沫发生器由喷嘴、吸入室、喉管、扩散管四部分组成。其工作原理是，高速射流由喷嘴喷出，在喷嘴出口处由于射流边界作用，大量卷吸周围空气，在吸入室内形成低压，外界气体被自动引入，在紊动扩散及边界效应的作用下，液体被切割成液滴，液滴通过与气体分子的冲击与碰撞，将气体粉碎成微小气泡，气泡分散在液体中形成稳定的泡状流，如图1-3所示[107-109]。根据是否需要供气，可将射流式泡沫发生器分为压风射流式和自吸空气式两种。

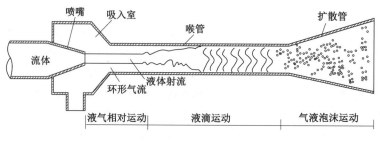

图 1-3　射流式泡沫发生器

上述泡沫发生器在其特定的工程领域内，都取得了较好的使用效果。涡轮式和充填介质式泡沫发生器内部结构复杂，阻力损失大，运动部件多，可靠性差，其适用性在煤矿现场受到了极大限制；挡板式泡沫发生器结构相对简单，但产泡能力弱，泡沫量有限，只能产生低倍数泡沫；自吸空气射流式泡沫发生器发泡存在吸气量有限，水压需求高（通常大于 5 MPa），泡沫量小的不足；相对而言，网式泡沫发生器发泡产生的泡沫量大，发泡倍数高，是进行大流量泡沫灭火可以借鉴的发泡形式。而煤矿现场条件较为复杂，水量（压）和风量（压）不确定，因而，为实现泡沫制备装置的高性能发泡，还必须解决不同工况下气液低阻可靠混合的问题，为此，亟须设计出一种具有更强现场适用性的新型泡沫发生器，以满足煤矿灭火对大流量泡沫的特殊需求。

1.4　拟解决的科学问题

如前所述，在防灭火泡沫的制备领域，发泡剂的添加和气液两相混合发泡都面临亟须破解的技术难题。针对治理大空间煤炭自燃火区时迫切需要制备的大流量灭火泡沫，本书提出基于发泡剂稳定吸液与气液低阻高效发泡的矿用大流量泡沫灭火技术，阐明了大流量泡沫对采空区高位火源的充填灭火特性，并根据煤矿现场的实际情况，研发了可靠的泡沫制备装置，确定了大空间煤炭自燃高温火区泡沫灭火方法。在此基础上，本书提出研究与解决以下四个科学问题。

（1）发泡剂的稳定添加

发泡剂的稳定添加是泡沫制备的重要环节，也是泡沫灭火的基础。与定量泵、压风置换和孔板压差添加相比，文丘里添加较先进，但存在吸液量不稳定、压力损失大及易受系统压力波动影响的缺陷。为实现发泡剂的稳定添加，提出利用射流汽蚀原理进行发泡剂定量添加的方法。射流汽蚀是指当射流装置内负压达到或接近该温度下的汽化压力时,液体发生汽化的现象,它产生的吸液负压相对稳定,可以此确定射流添加装置的工况点。因此,利用射流装置形成汽蚀时所具有的稳定吸液特性,研究射流吸液装置汽蚀过程汽泡产生、运移及溃灭微观机制,明确汽蚀程度对极限吸液量的影响,对实现发泡剂的稳定添加具有重要科学意义。

(2)泡沫制备中的低阻高效发泡

泡沫的大流量可靠制备是影响泡沫灭火效果的关键。现有泡沫发生装置存在制备过程中阻力损失大、发泡倍数低、泡沫量小的不足,严重制约了泡沫灭火性能的发挥。因此,揭示大流量泡沫制备中的低阻高效发泡机制,研究气液射流低阻混合特性、螺旋喷头均匀雾化特性及多层复合网的高性能产泡特性,对于降低现有泡沫制备装置阻力损失和提高气液两相混合发泡性能,以及保障大流量灭火泡沫可靠制备具有重要科学意义。

(3)大流量泡沫对采空区高位火源的充填灭火

采空区为半封闭多孔介质空间,泡沫能否有效治理采空区高位隐蔽火源,关键在于泡沫是否能够在多孔介质内快速充填扩散,形成立体化堆积泡沫,覆盖全部采空区。目前,对泡沫在采空区内流动的相关实验研究极少。揭示采空区内泡沫充填灭火特性,研究采空区内泡沫的堆积性、扩散性、稳定性、封堵性、阻化性及对高位火源的灭火特性,定性分析泡沫在全尺寸采空区不同孔隙内的流动压力及三维扩散特性,对阐明大流量泡沫高效治理采空区火区机理具有重要指导意义。

(4)大空间煤炭自燃高温火区泡沫灭火方法

大空间煤炭自燃高温火区燃烧时间长,过火面积大,火区呈动态立体发展,能否对该区域进行快速降温灭火,关键在于是否能够提出科学有效的泡沫灭火方法,设计出可靠的泡沫制备装置,进而产生大流量灭火泡沫,迅速置换出大空间火区内的高温热量。针对存在大空间煤炭自燃危险的露天矿采空区和井工矿综放面采空区,为保证大流量泡沫准确灌注至火区,必须明确火区成因及火源发展特点,针对性地提出大流量泡沫实施工艺及灭火技术方案,实现大空间煤炭自燃高温火区快速治理,这对保证矿区安全开采,确保经济、环境和社会效益具有重要的现实意义。

1.5 研究目标与内容

1.5.1 研究目标

煤矿大空间自燃火区的防治坚持以基础理论研究为先导,以关键技术研究及装备研发为重点,以推广应用为目的,不断创新提高防灭火技术的有效性、适应性和经济性,指导煤炭自燃火灾防治,实现大空间隐蔽火源快速治理技术的突破。围绕矿用大流量防灭火泡沫的高效可靠制备,设计发泡剂自动定量添加装置,揭示射流汽蚀吸液的原理及方法,简化泡沫制备系统;结合煤矿泡沫灭火的现场条件,开发新型螺旋射流式泡沫发生器,实现大流量泡沫的低阻高效制备;在此基础上,构建可视化采空区泡沫灌注实验平台,探究泡沫在多孔介质内的堆积性、扩散性、稳定性、封堵性、阻化性及对高位火源的灭火降温特性,阐明大流量泡沫对采空区高位火源的充填灭火特性,将研究结论用于指导煤矿现场泡沫灭火工艺的设计和实施；并在煤矿现场进行大流量泡沫灭火工业化推广应用，为高效防治大空间煤炭自燃提供科学依据和创新技术。

1.5.2 研究内容

根据上述亟须解决的科学问题和研究目标，确定本书主要研究内容如下：

（1）射流汽蚀定量吸液的原理和方法分析。阐明射流汽蚀吸液过程产生的汽液界面波特性，分析其运动特点及实现稳定吸液的机制，研究压力比、流量比、汽泡区范围对射流装置汽蚀吸液性能的影响，探究汽蚀吸液过程中射流装置内含汽率变化规律，以及汽液过渡面内密度、压力和速度的突变性。

（2）螺旋射流式泡沫发生器设计及气液混合发泡特性分析。主要研究内容包括泡沫发生器设计原理（结构组成、工作原理、结构参数），供液压力对供气量及供气压力的影响规律，供液量对泡沫产生量及发泡倍数的影响规律，出口压力对装置产泡性能的影响规律，气液射流混合装置内组分变化、流速分布、压力分布及湍动能分布，并阐明螺旋射流式泡沫发生器的低阻高效发泡特性。

（3）泡沫在多孔介质采空区内的流动特性分析。构建了可视化采空区泡沫灌注实验平台，分析大流量泡沫在采空区内的空间发展规律，探究泡沫在多孔介质内的堆积性、扩散性、稳定性、封堵性、阻化性及对高位火源的灭火特性，定性分析泡沫在全尺寸采空区不同孔隙空间内的流动压力及三维扩散特性。

（4）泡沫治理大空间煤炭自燃火区技术实践。以东露天矿 $4^\#$ 煤层 1245 平盘和邹庄矿 3103 综放面采空区为现场试验基地，以发泡剂定量添加与螺旋射流高效发泡装置为核心技术，研究与开发大流量泡沫实施工艺和灭火技术方案，并开展工业性试验，考察泡沫对大空间煤炭自燃火区的灭火效果，实地评估大流量泡沫制备技术及装备的现场适用性。

1.5.3 研究方法与技术路线

本书围绕发泡剂添加、气液两相混合发泡及煤矿现场泡沫灭火工程应用，开展了发泡剂的稳定添加、泡沫制备中的低阻高效发泡、大流量泡沫对采空区高位火源的充填灭火和大空间煤炭自燃高温火区泡沫灭火方法四个科学问题的研究。根据本书的总体目标和研究内容，决定采用理论分析、实验室实验、数值模拟与现场试验相结合的综合研究方法，因泡沫流体的复杂性，本书以实验室研究和现场试验为主，研究技术路线如图 1-4 所示。研究方案分三个层次：一是自主研发射流吸液装置和新型泡沫发生器，并构建可视化采空区泡沫灌注实验平台及大流量泡沫灌注工艺系统；二是利用实验室高精度测试仪对水射流形成过程中的汽蚀现象进行监测捕捉，对泡沫发生器的产泡性能进行定量评估，对泡沫在采空区内的充填封堵性能进行实时测定，并通过数值模拟对射流汽蚀汽泡形成过程、泡沫发生器的气液低阻混合特性、全尺寸采空区内泡沫的流动扩散规律进行论证和分析；三是结合煤矿现场实际条件，利用研发的高可靠性泡沫制备装置，进行大空间煤炭自燃高温火区泡沫灭火工业性试验，现场检验应用效果，使研究结果更全面、科学。

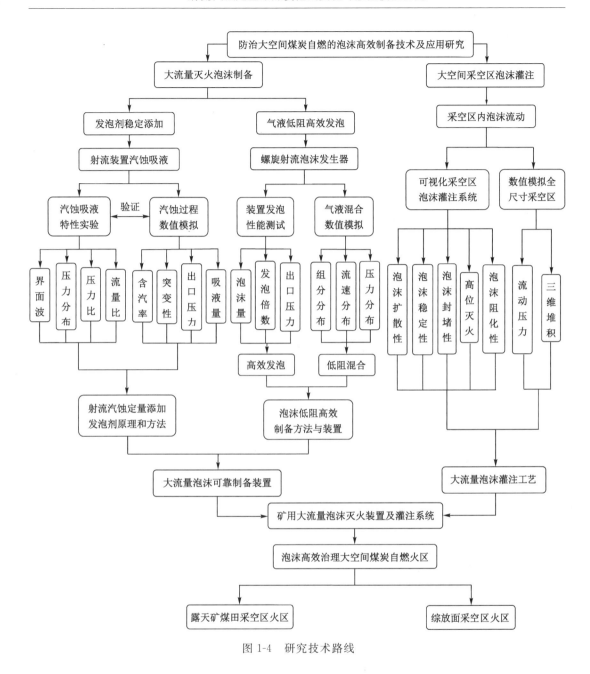

图 1-4　研究技术路线

2 射流汽蚀定量添加发泡剂实验与数值模拟研究

泡沫的可靠制备是实施大流量泡沫灭火的前提,泡沫由发泡剂、水和气体组成,其中,发泡剂的精确稳定添加是关键技术之一。发泡剂的不稳定添加不仅会对发泡效果产生负面影响,也会使操作过程变得复杂。本章旨在探索一种发泡剂定量添加方法,以解决泡沫制备过程中发泡剂稳定添加问题,简化制备系统的操作。

2.1 紊动射流吸液原理

2.1.1 射流吸液过程

射流分为层流射流和紊动射流,速度小、雷诺数低的射流为层流射流,工程应用中多为高速紊动射流,紊动射流是射流添加研究的理论基础。紊动射流分为起始段和主体段两个区段。起始段由势流核和剪切层组成,在势流核内,速度保持原来初射速度,边界层逐渐向射流轴线收缩直至相交;在剪切层内,速度分布呈误差函数形式,并自入射点向两侧扩散。在主体段前部,射流轴向流速及动压逐渐减小,轴向动压与流速最大值迅速减至边界上的最小值,其变化呈高斯曲线特性;在主体段后部,射流与环境介质已完全混合,射流轴向速度与动压相对较小[110-111]。

发泡剂射流装置是一种基于射流引射原理,利用射流紊动扩散,在装置内形成高速射流边界效应,形成负压,带动被吸发泡剂流动,实现工作流体和引射流体之间的质量、能量和动量的交换,最终将发泡剂添加到工作流体中的添加装置[112-113],其由喷嘴、喉管、扩散管及吸液管等部分组成,如图 2-1 所示。

射流装置吸液过程分为四个阶段:

(1)增速降压阶段(进口断面 p →喷嘴出口断面 1)

射流装置中的喷嘴采用渐缩结构,工作流体流经喷嘴时,由于过流断面面积逐渐减小,流速增大,静压降低,在喷嘴出口处达最大流速及最小静压。为避免高速射流雾化,喷嘴出口常留有一直管段,以起到整流作用。

(2)相对运动阶段(喷嘴出口断面 1 →喉管前端 2)

工作流体在喷嘴出口断面处形成高速射流,由喷嘴射出,由于射流边界的黏滞、卷吸、边界效应,喷嘴出口附近的空气被射流带走,形成负压,在外界大气压力的作用下,引射流体被自动吸入负压腔内;两种不同流速的液体发生相对运动,引射流体从 e 点流动到 2 点的过程中,速度不断增大,压力下降,工作流体失去能量,速度不断降低,并在喉管前端与引射流体

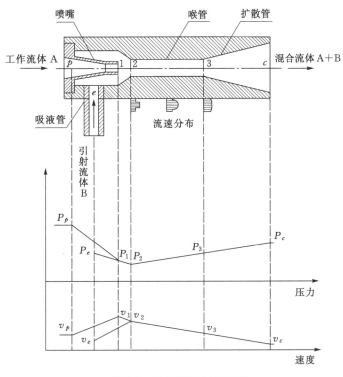

图 2-1　射流装置工作原理

速度逐渐趋于一致。

（3）充分混合阶段（喉管前端 2→喉管末端 3）

在喉管内,高速紊动混合流体受到管壁的挤压剪切作用,工作流体与引射流体间相互渗入,交互作用增强,进行充分的质量、动量和能量交换,混合流体压力有所恢复,壁面速度升高,轴线速度降低,断面上流速分布逐渐均匀。

（4）扩散升压阶段（喉管末端 3→射流出口断面 c）

射流装置末端的扩散管采用渐扩结构,沿流动方向,扩散管断面面积逐渐增大,均匀的混合流体在扩散管内进行能量转换,动能转化为势能,流速降低,压力恢复升高,最后混合流体以压力 P_c、速度 v_c 输入有压输送管道。

在射流吸液过程中,存在各种能量相互转化和损失,其主要能量损失有喷嘴处的局部损失和沿程损失、喉管部的伴随损失和沿程损失及局部损失、扩散管处的局部损失和沿程损失,其中最主要的能量损失是初速度不相等的两种流体混合产生的伴随损失和各部的局部损失。

与文丘里吸液类似,射流吸液也是利用负压吸液的,但与文丘里添加装置相比,射流添加装置更易产生负压,并且由于射流添加装置具有较大的吸液腔体,负压区域较大,能够实现被吸液的稳定吸入,适用范围更广。同时,采用射流形式,主流体与被吸发泡剂在喉管入口附近即实现了压力和速度的一致,在喉管及扩散管内两者压力及速度近似相等,由射流引起的伴随损失远小于无喉管部件文丘里的损失,而且射流添加装置加工及拆装方便,喷嘴和扩散管可分别加工,当喉管部出现堵塞等问题时,可进行快速拆卸及维修。因而,采用射流结构进行物料添加已逐渐成为工程机械领域常用的技术手段,其具有结构简单、加工容易、成本低及安装维护方便的显著优点。同文丘里吸液一样,射流吸液过程也存在受出口压力变化影响大,抵抗下游压力波动能力弱的不足,因而,采用射流装置添加发泡剂时,提高射流吸液的稳定性是实现灭火泡沫可靠制备的关键。

2.1.2 射流汽蚀特性

在形成高速射流的过程中,射流装置内部将出现特殊的临界工况,它发生在装置内负压降低到液体在该温度下的饱和蒸汽压时。在此状态下,流体将发生相变,首先在射流边界层内发生初生空化,小汽泡在局部区域小范围出现;之后发生空气空化,溶解于液体中的气体逸出;接着液体本身汽化,产生大量蒸汽泡,流体变为汽液两相流。当汽泡随主流体进入更低压力区时,汽泡体积增大,并演化为汽泡-汽穴;当汽液两相流混合流体进入射流扩散管时,压力升高,汽泡中的蒸汽泡重新凝结,汽泡溃灭。这样在射流装置内部就形成了充满运动汽泡的、范围清晰的汽蚀区,该现象称为射流汽蚀[114-115]。

射流汽蚀是水力机械领域研究的热点话题,目前国际上对射流汽蚀现象的描述比较一致,但由于汽蚀过程涉及多相流和质能传递,过程非常复杂,对其产生机理的解释尚存在较大差异。S.T.Bonnington 等[116]、M.Marini 等[117]、S.H.Winoto 等[118]、蔡标华[119]认为汽蚀首先发生在射流壁面边界层内,由边界层内剪切应力形成较大的脉动压力,从而引起局部壁面压力低于汽化压力,衍生初生汽蚀空化;此时,喷嘴出口和喉管上游入口处出现零星蒸汽泡,蒸汽泡伴随主射流进入喉管内并快速溃灭;随着射流装置出口压力的下降,蒸汽泡占据越来越多的喉管空间,直到蒸汽泡到达喉管壁面,蒸汽泡增多,并伴随噪声出现;随着出口压力的持续降低,汽蚀空化程度加剧,蒸汽泡不断增多;当出口压力降低至射流的临界工况时,液流中产生大量的蒸汽泡,虽然蒸汽泡质量很小,但其体积相当大,在喉管中段至末端聚集成泡状流,流动被阻塞,同时产生强烈的振动和噪声。H.Q.Lu 等[120]认为,射流边界层的变化与速度比有关,在确定的几何尺寸和运行工况条件下,速度比增加,射流边界层区域缩小,当速度比增加到一定程度时,边界层不再收缩,达到汽蚀极限工况。部分学者认为,射流极限工况的产生与汽蚀发生时汽液两相混合液中的声速有关[121],射流汽蚀时,液体中大量蒸汽泡逸出,使得液体中的声速急剧减小;并通过实验发现汽蚀时液体含气量可达 18%,流体中的声速能够降至 25 m/s,当气-液-汽混合流体速度达到对应声速时,即产生流动"壅塞"现象。

针对射流汽蚀,国内外学者多倾向研究其带来的负面效应,如引起装置性能降低,诱发振动、噪声、剥蚀等[122-125],并提出采用最小汽蚀数、复合新材料、低压区补气、并联射流、自激振荡脉冲等技术手段进行相应的预防与控制[126-134],而对射流汽蚀临界状态下的吸液特性研究较少。美国航空航天研究所发现在汽蚀状态下,射流装置的工作流体流量不受出口压力变化的影响,并将其用于航天燃料控制器的精确控制,成功解决了火箭发射过程中动态变化的大气压力对燃料使用量的不确定性影响问题[135-136];此后,利用汽蚀时工作流体流量不受出口压力(压力比)影响这一特点,许多学者提出了汽蚀射流泵/文丘里装置理念,并将其应用于流量的自动化精确控制,设计出了各种类型的流量控制器,并指出汽蚀产生的前提是射流装置进出口压力比低于临界压力比[137-139],该发现具有非常强的实用性,但汽蚀射流泵/文丘里装置仅用于对单一工作流体的控制,整个过程并不涉及吸液。

由于射流装置发生汽蚀时,吸液腔负压必然降低至液体汽化压力(饱和蒸汽压),而常温下液体饱和蒸汽压为一确定值[140-141],发泡剂作为一种水基复合的表面活性剂混合物,其饱和蒸汽压接近同温度下水的饱和蒸汽压,理论上,采用该饱和蒸汽压进行发泡剂的负压引射,能够获得稳定的吸液量;另外,吸液腔内大量蒸汽泡的出现,能够减小吸液通道过流面积,阻碍吸液量的持续增大,为稳定吸液提供可能的内部环境,实现吸液过程的定量化。基于此,本章将采用射流汽蚀原理进行发泡剂的稳定添加,对压力比、流量比、汽泡区范围对射流汽蚀吸液特性的影响进行实验研究,并通过数值模拟分析汽蚀吸液过程,以及汽泡的形成过程和汽液过渡面内的流体特性。

2.2 水射流汽蚀吸液特性实验

2.2.1 测试系统

图 2-2 为射流汽蚀吸液实验测试系统,该系统主要由蓄水池、变频柱塞泵(3WP14-15/25 型)、电磁流量计(EMF)、射流装置、压力传感器、质量流量计(MF)、高速摄影仪(CCD)、发泡剂储液罐、控制阀及管线组成。其中,变频柱塞泵(图 2-3)用于向射流装置供给压力水,并通过配套的变频器调节供水流量,其可调流量范围为 0~10.0 m³/h,压力为 0~1.0 MPa。

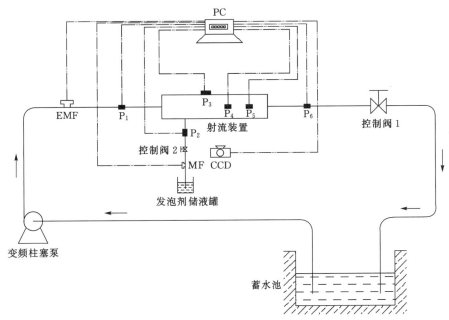

图 2-2　射流汽蚀吸液实验测试系统

图 2-4 为实验系统实物连接图。系统共布置 6 个压力传感器,具体布置见 2.2.2 小节;高速摄影仪(CCD)用于拍摄汽蚀过程中产生的汽泡及汽泡区域,其分辨率为 1 028 像素×800 像素,曝光时间为 1/2 190 s,为增强射流装置内流体的可视化程度,在装置底部铺设黑色幕布作为反衬色。

图 2-5 为用于测量工作水流量的电磁流量计。由于发泡剂吸液量较少,故采用测量范

(a) 柱塞泵　　　　　　　　　　　(b) 变频器

图 2-3　变频柱塞泵

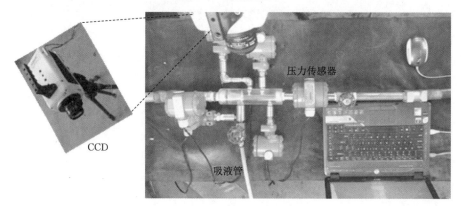

图 2-4　实验系统实物连接图

围小、测量精度较高的质量流量计(图 2-6)测量。流量计测试的流量信号及压力变送器测量的压力信号,通过多通道采集板卡传输到 PC 机上,进行实时记录,采集频率设置为 1.0 Hz。控制阀 1 用于调节射流装置出口压力,控制阀 2 用于调节射流吸液过程中的发泡剂吸液量。由于温度及压力对发泡剂黏度及汽蚀产生的汽泡有一定影响,因而,实验测试统一

 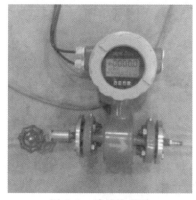

图 2-5　电磁流量计　　　　　　　　图 2-6　质量流量计

在室内温度为 20~25 ℃ 的条件下进行,外界大气压力为 101 kPa,环境湿度为 40%~50%。上述各测试仪表的测量范围及精度见表 2-1。

表 2-1 测试仪表的测量范围及精度

序号	仪表名称	测量范围	精度
1	电磁流量计(EMF)	0~4.0 m³/h	0.50%
2	质量流量计(MF)	0~1.0 kg/s	0.1 g/s
3	压力传感器 1	0~1 000 kPa	0.5%
4	压力传感器 2	−100~100 kPa	0.2%
5	压力传感器 3	−100~300 kPa	0.25%
6	压力传感器 4	−100~300 kPa	0.25%
7	压力传感器 5	0~300 kPa	0.25%
8	压力传感器 6	0~300 kPa	0.25%

2.2.2 实验方案

为全面监测射流装置进口、吸液口、喉管、扩散管及出口压力变化情况,共在射流装置外壁面设置了 6 个压力传感器测点,如图 2-4 所示。其中,测点 1 用于测试射流装置进口压力,测点 2 用于测试吸液口压力,测点 3 用于测试喉管压力,测点 4 和测点 5 用于测试扩散管压力,测点 6 用于测试装置出口压力,6 个压力传感器测点的具体位置如图 2-7 所示。高速摄影仪(CCD)安装在射流装置上方 60 mm 处(N 点),它可以沿着射流装置轴线方向水平移动。

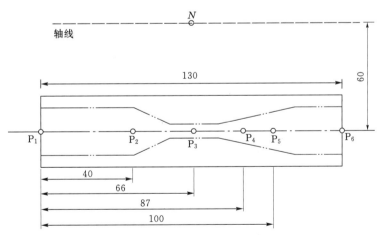

图 2-7 射流装置压力传感器测点布置

图 2-8 为射流装置汽蚀吸液过程中汽泡产生示意,汽蚀区为蒸汽泡区,汽蚀区下游为液相区,两者的交界处必然存在汽液分界面,也即界面波面。为表征汽蚀汽泡区域范围,实验过程中采用高速摄影仪对汽蚀区进行拍摄,并通过图像分析处理软件计算汽蚀区长度 L_x、

吸液腔内小汽泡直径 d_s 及喉管内小汽泡直径 d_t，其中，汽蚀区长度 L_x 为喉管进口断面与界面波中心的轴线距离。

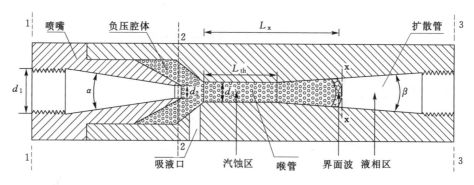

图 2-8　射流汽蚀汽泡产生示意

工作流体在流经收缩喷嘴的过程中可视为一维等熵流动，流体密度不发生变化，忽略喷嘴渐缩段摩擦及局部阻力损失，根据伯努利方程，射流装置进口断面 1-1 与喷嘴出口断面 2-2 之间满足：

$$\frac{P_1}{\rho} + \frac{v_1^2}{2} + z_1 = \frac{P_2}{\rho} + \frac{v_2^2}{2} + z_2 \tag{2-1}$$

同时满足连续性方程：

$$Q = \frac{\pi}{4} d_1^2 v_1 = \frac{\pi}{4} d_2^2 v_2 \tag{2-2}$$

式（2-1）和式（2-2）中，P_1 为进口压力，Pa；P_2 为喷嘴出口压力（吸液口压力），Pa，取 9.8×10^4 Pa；v_1 为进口流速，m/s；v_2 为喷嘴出口流速，m/s；z_1，z_2 为流体位能，$z_1 = z_2$；d_1 为射流装置进口直径，m；d_2 为喷嘴出口直径，m；Q 为工作流体体积流量，m³/h。

将式（2-2）代入式（2-1）可得射流装置工作流体体积流量与进口压力关系：

$$Q = 3\,600 \pi d_2^2 \sqrt{\frac{P_1 - P_2}{8\rho \left(1 - \dfrac{d_2^4}{d_1^4}\right)}} \tag{2-3}$$

为产生汽蚀，射流装置喷嘴出口处压力需要降至液体饱和蒸汽压，实验测得发泡剂饱和蒸汽压与同温度下水的饱和蒸汽压相差不大。参考射流装置设计的相关文献[141-142]，本书设计的射流装置的结构尺寸如下：装置进口直径 $d_1 = 20.0$ mm，喷嘴出口直径 $d_2 = 4.0$ mm，喉管直径 $d_3 = 6.0$ mm，装置出口直径 $d_4 = 20.0$ mm，喉管长度 $L_{th} = 20.0$ mm，喷嘴收缩角 $\alpha = 13.30°$，扩散角 $\beta = 14.0°$。设定进口压力 P_1 为 500 kPa，将装置进口直径 d_1 和喷嘴出口直径 d_2 代入式（2-3），可计算出工作流体体积流量 Q 为 1.6 m³/h（质量流量为 0.44 kg/s），在煤矿现场尤其是在井工矿，水压及水量普遍较大，因而，只要水量大于 1.6 m³/h，工作压力高于 500 kPa，该设计的射流装置即可进行稳定的汽蚀吸液。

以界面波为分界，流体在射流装置喉管和扩散管内呈现两种状态：上游的蒸汽泡区和下游的液相区。蒸汽泡区内压力恒定为饱和蒸汽压；在下游液相区，流体仍然遵守伯努利方程，界面波处液相断面 x-x 与出口断面 3-3 之间满足：

$$\frac{P_x}{\rho} + \frac{v_x^2}{2} + z_x = \frac{P_d}{\rho} + \frac{v_d^2}{2} + \xi \frac{v_d^2}{2} + z_d \qquad (2\text{-}4)$$

下游液体流动涉及吸液过程,连续性方程可表示为:

$$(1+q)m = \rho v_x A_x = \rho v_d A_d \qquad (2\text{-}5)$$

式中,P_x 为液相压力,Pa;P_d 为装置出口压力,Pa($P_d = P_6$);v_x 为液相流速,m/s;v_d 为装置出口流速,m/s;z_x、z_d 为流体位能,$z_x = z_d$;A_x 为界面波附近液相断面面积,m^2;A_d 为装置出口断面面积,m^2;ρ 为流体密度,kg/m^3;m 为工作流体质量流量,$m = \rho Q$,kg/s;ξ 为阻力损失系数。

将式(2-5)代入式(2-4)可得:

$$P_x = P_d - \frac{\rho Q^2}{2}\left(\frac{1}{A_x^2} - \frac{1+\xi}{A_d^2}\right)(1+q)^2 \qquad (2\text{-}6)$$

将式(2-3)中的工作流体体积流量代入式(2-6)可得:

$$P_x = P_d - \eta \frac{d_2^4}{1 - \dfrac{d_2^4}{d_1^4}}\left(\frac{1}{A_x^2} - \frac{1+\xi}{A_d^2}\right)(P_1 - P_2)(1+q)^2 \qquad (2\text{-}7)$$

界面波两侧的压力梯度可表示为:

$$P = \frac{P_x - P_v}{L_{xv}} \qquad (2\text{-}8)$$

式(2-7)和式(2-8)中,η 为简化系数;L_{xv} 为界面波横向宽度,m;P_v 为蒸汽泡区饱和蒸汽压,kPa。将式(2-7)代入式(2-8)可得:

$$P = \frac{P_d - P_v}{L_{xv}} - \frac{\eta_k}{L_{xv}}\left(\frac{1}{A_x^2} - \frac{1+\xi}{A_d^2}\right)(P_1 - P_2)(1+q)^2 \qquad (2\text{-}9)$$

式中,η_k 为射流装置结构简化系数,$\eta_k = \eta \dfrac{d_2^4}{1 - \dfrac{d_2^4}{d_1^4}}$。

由式(2-7)和式(2-9)可以得出,当射流装置内部结构参数确定后,界面波下游压力随流量比的增大而减小,界面波两端的压力梯度随出口压力的增大而增大,随流量比的增大而减小。本章将对射流汽蚀过程中装置内部的压力分布及压力梯度进行定量分析。

2.2.3　实验步骤

(1) 按照图 2-2 连接实验测试系统。检查各个连接部件,确保无漏气、漏液现象;调试各测试仪表,确保系统稳定运行。

(2) 启动变频柱塞泵,自初始频率 5 Hz 起,通过变频器以 1.0 Hz 的幅度逐级增加转速,提高供水流量,利用电磁流量计读取流量值,维持工作流体体积流量 Q 为 1.6 m^3/h。

(3) 完全打开控制阀 2,逐渐缓慢关闭控制阀 1,直至射流装置不再吸发泡剂,随即逐渐缓慢打开控制阀 1,直至发泡剂吸液量 Q_1 达最大,反复进行该操作 2~4 次,并实时记录该过程的发泡剂吸液量 Q_1、进口压力 P_1、吸液口压力 P_2、喉管压力 P_3、扩散管压力 P_4 和 P_5 及出口压力 P_6,采用高速摄影仪对该过程进行动态跟踪拍摄录像。

(4) 完全打开控制阀 1,调节控制阀 2,使发泡剂吸液量 Q_1 维持在某一值;逐渐关闭控制阀 1,直至稳定的 Q_1 开始发生变化,在 Q_1 发生变化的临界时刻,记录 P_2、P_3、P_4、P_5 和

P_6,对该状态下的汽蚀区进行拍摄录像,并采用图像分析软件计算汽蚀区长度 L_x、吸液腔及喉管内小汽泡直径(d_s 和 d_t)。

（5）调节控制阀 2,改变步骤（4）中发泡剂吸液量 Q_1,重复步骤（4）,获取不同发泡剂临界吸液量条件下的压力值、汽泡范围及小汽泡直径。

2.3　实验结果与讨论

2.3.1　汽蚀界面波

图 2-9 为某一时刻拍摄到的射流装置内出现的汽蚀汽泡区,可以看出,射流装置汽蚀过程出现了明显的汽液过渡面,也即汽-液界面波,界面波面上游为蒸汽相,下游为液相;且尽管实验工况条件确定,但界面波仍然在一定范围内前后移动,界面波面不稳定,波面边界较为模糊。

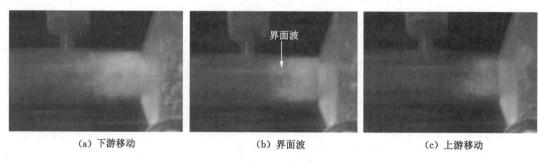

(a) 下游移动　　　　　　　　(b) 界面波　　　　　　　　(c) 上游移动

图 2-9　射流装置内界面波运动状况

汽蚀界面波不稳定的主要原因是,该界面波面是一个包含蒸汽泡与液相的汽液过渡面,是典型的热力学不稳定体系,在此汽面内,气-液-汽多相间互相掺混,密度、速度和压力变化剧烈（见 2.4.3 小节）,汽液间存在强烈的质量与能量传递,当汽泡向下游移动时,压力升高,汽泡中蒸汽凝缩,发生聚并,汽泡破裂溃灭,产生微射流刺穿汽泡,冲击壁面,微射流刺穿汽泡壁时的流速高达 128 m/s[143];也即在此阶段,射流装置将产生一定程度的振动与噪声,在下游衍生出低压空间,从而导致下游液相回流充填,如图 2-9(a) 和图 2-9(b) 所示,当液相到达该区域后,由于压力低,液相将继续汽化,按照 H.Ghassemi 等[140] 的计算,一体积的饱和水即可产生几百体积的蒸汽泡,在下游液体回流惯性及蒸汽泡体积膨胀的双重作用下,界面波被推至上游,如图 2-9(c) 所示,界面波由上游向下游的运动与此过程类似。受射流速度限制,饱和蒸汽压区较小,液相的汽化及蒸汽泡的凝缩都很有限,界面波向上下游的移动只可能在一定范围内发生,且由于小汽泡溃灭及衍生的速度极快,因而波面边界模糊,所以,界面波必定是一个动态平衡波,类似于 J.H.Witte[144] 和 C.E.Brennen[145] 描述过的气液两相流。

2.3.2　吸液量与出口压力关系

出口压力是影响射流装置汽蚀吸液的关键因素。随着出口压力 P_6 降低,液体中逐渐出现蒸汽泡,并首先出现在吸液腔靠喉管位置处,之后蒸汽泡区逐渐扩大,汽蚀界面波由吸液腔向喉管方向移动,如图 2-10(b)所示;如果出口压力持续降低,那么蒸汽泡区将延伸至下游扩散管内,整个吸液腔和喉管空间都被致密的蒸汽泡占据,如图 2-10(d)所示,从而阻碍了被吸液流量的进一步增加,吸液量达最大值。相反,当射流装置出口压力升高到一定值后,汽泡消失,汽蚀界面波将完全消失,汽蚀界面波的消失标志着射流装置汽蚀吸液的彻底结束。

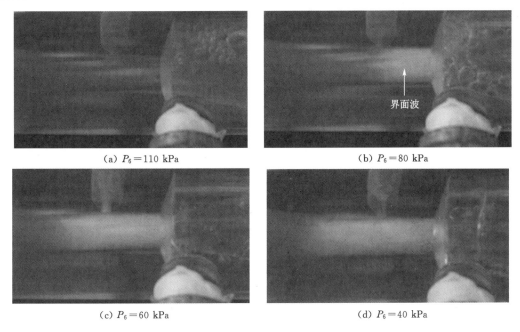

(a) P_6=110 kPa

(b) P_6=80 kPa

界面波

(c) P_6=60 kPa

(d) P_6=40 kPa

图 2-10 不同出口压力时汽蚀汽泡区的变化情况

图 2-11 为控制阀 2 完全打开(自由吸液),调节控制阀 1 时,射流装置出口压力 P_6 与吸液量 Q_1 关系的实时变化曲线,其中,数据采集频率为 1 Hz,P_6^* 为临界出口压力,出口压力高于该压力时称为正常吸液工况(非汽蚀吸液),低于该压力时均称为汽蚀吸液工况。

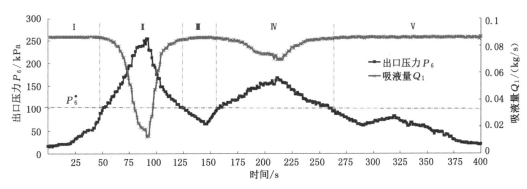

图 2-11 吸液量 Q_1 与出口压力 P_6 关系的实时变化曲线

由图 2-11 可以看出,吸液量 Q_1 并非一直随出口压力 P_6 变化而变化,当出口压力高于 P_6^* 时,吸液量与出口压力呈负相关关系,即随着出口压力 P_6 增大(减小),吸液量 Q_1 减小

(增大),如图 2-11 中的 Ⅱ 和 Ⅳ,称为正常吸液区段,过高的出口压力甚至可能会引起被吸发泡剂倒流;而当出口压力低于 P_6^* 时,出口压力的任何波动都不会对吸液量产生影响,吸液量 Q_1 为定值,如图 2-11 中的 Ⅰ、Ⅲ 和 Ⅴ。以吸液量发生变化的拐点确定临界出口压力 P_6^* 为 99～103 kPa。由此可知,通过汽蚀进行稳定吸液的前提是出口压力必须低于临界出口压力 P_6^*。对于本研究设计的射流装置,最大的汽蚀吸液量为 0.086 kg/s,最大汽蚀吸液比例为 19.5%(0.086/0.44)。

2.3.3 射流吸液内部压力分布

图 2-12 为不同出口压力下射流装置内部的压力分布情况。图中,坐标轴 z 表示距离射流装置进口端的轴线距离,"曲线 1"表示汽蚀吸液比例为 19.5% 时射流装置内部的压力分布,高于"曲线 1"的曲线族属于正常吸液(非汽蚀吸液),低于"曲线 1"的曲线族均属于汽蚀吸液。

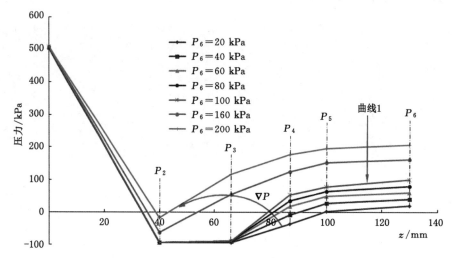

图 2-12 不同出口压力时射流装置内部压力分布情况

由图 2-12 可以看出,当出口压力 P_6 较小时,射流装置汽蚀吸液,吸液口压力 P_2 均恒定在 -94～-95 kPa,接近并略高于同温度下发泡剂的饱和蒸汽压,射流装置能够进行非常稳定的吸液,所有的汽蚀吸液量均为 0.086 kg/s。在吸液腔与喉管之间,压力梯度 P 近似为零,而在喉管与扩散管之间产生了很大的逆压梯度,原因是此时界面波处于喉管与扩散管之间,如图 2-10(b) 至图 2-10(d) 所示,引起界面波两侧密度和压力的巨大变化,产生大的压力梯度,随着出口压力 P_6 增大,界面波向上游移动,此大的压力梯度也逐渐向上游转移,如图 2-12 中带箭头曲线方向所示,这点与理论分析出的式(2-9)所示的趋势相吻合。界面波经过的上游区域,之前的蒸汽压环境被改变,压力随之升高,最终界面波移动至吸液腔,稳定的吸液负压将不能维持,吸液压力随之升高,稳定的吸液环境被破坏。因而可以得出,射流装置之所能够实现稳定吸液是因为界面波尚未作用至吸液腔,一旦界面波移动至吸液腔,稳定的汽蚀吸液过程就将结束。

2.3.4 汽蚀吸液临界压力比

按照实验步骤(4)和(5),调节控制阀2,可得到不同汽蚀流量比$q(Q_1/Q)$条件下,射流装置汽蚀吸液时的临界压力分布情况,如图2-13所示。由图2-13可以看出,所有的吸液口压力P_2均维持在$-94\sim-95$ kPa,接近并略高于发泡剂的饱和蒸汽压,而下游测点压力(P_3、P_4、P_5、P_6)均随汽蚀流量比q的增大而降低,这点与之前理论分析得出的式(2-7)相符。

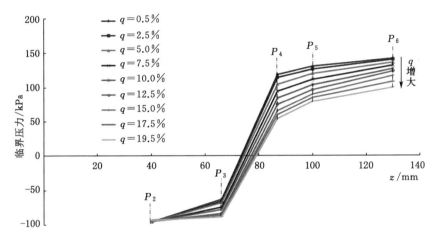

图 2-13　不同汽蚀流量比时射流装置内部临界压力分布情况

图2-14是根据图2-13中进出口压力数据,计算出的射流装置汽蚀吸液时临界压力比$P(P_6/P_1)$与汽蚀流量比$q(Q_1/Q)$的关系曲线。

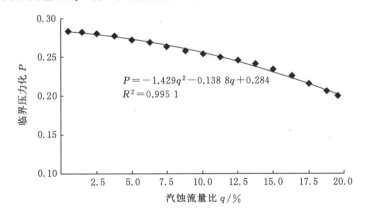

图 2-14　临界压力比 P 与汽蚀流量比 q 的关系曲线

由图2-14可以看出,当汽蚀流量比q为0.5%时,射流装置临界压力比P可达0.28;而当q增大到最大值19.5%时,P降低至0.2,降幅达28.6%。采用多项式拟合,得出了临界压力比P与汽蚀流量比q关系的拟合公式:

$$P=-1.429q^2-0.138\,8q+0.284 \tag{2-10}$$

由图 2-14 和式(2-10)可知,临界压力比 P 随汽蚀流量比 q 降低而增大。这表明射流装置在低汽蚀流量比条件下,实现了更大的压力比,压力比的增大意味着射流装置在同一进口压力条件下出口压力更高,装置具有更强的背压驱动性能,能够抵抗下游更大范围的压力波动,汽蚀吸液的适用条件变得更为宽泛。因而,射流装置在低汽蚀流量比条件下进行汽蚀吸液,吸液性能更好,这点对提高灭火泡沫长距离传输性能,降低泡沫灭火技术成本具有非常重要的意义。

2.3.5 汽蚀区与汽蚀流量比关系

射流装置汽蚀吸液过程中,蒸汽泡区范围及汽泡尺寸受汽蚀流量比影响很大,采用图 2-8 中标示的 L_x 表征汽蚀区长度。不同汽蚀流量比 q 条件下,汽蚀区长度 L_x 如图 2-15 所示。由图 2-15 可知,L_x 随 q 的增大而减小,以喉管长度 $L_{th}=20$ mm 为界,L_x 被分为两个区段:缓降段和急降段。在缓降段,即当 $L_x>L_{th}$ 时,L_x 随 q 的增大降低幅度不大;在急降段,即当 $L_x<L_{th}$ 时,L_x 随 q 的增大由 20 mm 迅速减小至 10.2 mm。

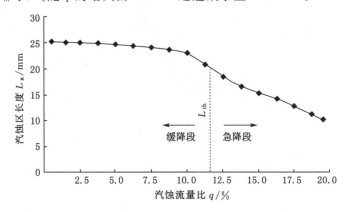

图 2-15　汽蚀区长度 L_x 与汽蚀流量比 q 的关系曲线

造成上述现象的原因有两点:(1) 当 $q>12.5\%$ 时,汽蚀产生的界面波逐渐由扩散管向上游移动,回缩至喉管内,由于喉管断面面积较扩散管小得多,当蒸汽泡减小相同体积时,喉管区的长度变化将更为明显,因而,该阶段汽蚀流量比对汽蚀区长度的影响更显著;(2) q 的增大意味着被引射流体绝对量(吸液量)Q_1 的增加,引射流体被完全汽化为蒸汽泡的难度增大,蒸汽泡/液相的比例变小,未被汽化的液体将加速已形成蒸汽泡的凝聚、破裂,蒸汽泡区的减小更为明显。

随着汽蚀流量比的增大,汽蚀区缩小,射流装置内汽泡直径将有所变化,图 2-16 为不同汽蚀流量比时吸液腔与喉管内汽泡直径的变化情况。汽蚀吸液过程中,由于吸液腔饱和蒸汽压不变,因而吸液腔内汽泡直径 d_s 基本不变,而喉管内汽泡直径 d_t 随汽蚀流量比 q 的增大而变小;由于吸液腔体积较喉管体积大,同时,喉管内射流速度高,喉管内部分蒸汽泡被撕破,因而,汽泡在吸液腔内较喉管内存在一定膨胀现象,故 $d_s>d_t$。吸液腔内均一(直径不变)、稳定(负压恒定)的蒸汽泡环境,为射流装置进行定量化吸液创造了良好的环境,这也是将吸液口设置在喷嘴附近的腔体壁面,而非射流装置喉管处的重要原因之一,由此可以推断,射流装置较传统的"收缩-喉管-扩散"文丘里结构更为稳定可靠。

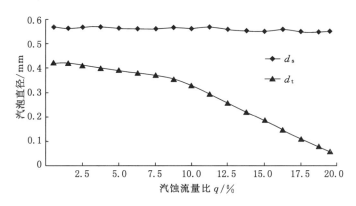

图 2-16　汽蚀区汽泡直径 d 与汽蚀流量比 q 的关系曲线

2.4　射流装置汽蚀吸液特性数值模拟

ANSYS FLUENT 是目前较为常用的商用 CFD 软件包,是用于模拟复杂集合区域内的流体流动与传热的专用软件。采用 ANSYS FLUENT 软件求解问题时通常应用三大软件:前处理软件、求解器、后处理软件。前处理软件的功能是创建求解模型的几何结构,并对几何结构进行网格划分,其主要软件包括 GAMBIT、TGRID、PREPDF、GEOMESH 等;求解器为流体计算的核心,其主要功能为导入前处理软件生成的网格模型、提供计算的几何模型、确定流体物性、施加边界条件、完成求解计算以及数据记录;后处理软件用于展示曲线、云图、录像,生成计算报告。为此,借助数值模拟软件 ANSYS FLUENT 对射流装置汽蚀吸液特性进行研究分析,验证本章提出的采用射流汽蚀原理进行精确定量化吸液方法的科学性和准确性。

2.4.1　数学模型

射流装置汽蚀吸液过程涉及多相流的相态转换,为非定常不可压缩气液两相流动,实际模型求解较为复杂,因而在确定计算区域时,有必要对模型进行合理的简化,为此做如下几个方面的假设[146-148]:

(1) 为保证流体稳定,将进口来流和流体出口均视为处于无限远处,为此,在进口和出口分别预留了 10 mm 的直管段,以消除端部效应;

(2) 吸液管路上不再设置控制阀,缩短吸液管长度,吸液流体为纯水;

(3) 射流装置内部流体速度较高,雷诺数超过 2 000,选用 $k\text{-}\varepsilon$ 湍流模型;

(4) 汽蚀过程产生的两相流为汽液均相流,可采用混合(Mixture)模型;

(5) 汽蚀过程中产生的气相为蒸汽(Vapor),不考虑水中溶解的杂质气体;

(6) 水平放置射流装置,忽略液汽流动过程的重力效应。

基于以上假设,应用多相流理论建立射流汽蚀吸液三维非稳态数学模型,模型主要由连续性方程、动量方程和能量方程组成。混合模型的连续性方程为:

$$\frac{\partial}{\partial t}(\rho m) + (\rho_{\mathrm{m}}\bar{v}_{\mathrm{m}}) = m \qquad (2\text{-}11)$$

$$\bar{v}_{\mathrm{m}} = \frac{\sum_{k=1}^{n} \alpha_k \rho_k \bar{v}_k}{\rho_{\mathrm{m}}} \tag{2-12}$$

$$\rho_{\mathrm{m}} = \sum_{k=1}^{n} \alpha_k \rho_k \tag{2-13}$$

式(2-11)至式(2-13)中，m 为质量流量，kg/s；$\bar{v}_{\mathrm{m}}$ 为混合流体流速，m/s；ρ_{m} 为混合流体密度，kg/m^3；ρ_k 为第 k 相密度；kg/m^3；v_k 为第 k 相流速，m/s；α_k 为第 k 相体积分数，％；n 为相数。

混合模型动量方程，由所有相动量方程求和得到：

$$\frac{\partial}{\partial t}(\rho m) + (\rho_{\mathrm{m}} \bar{v}_{\mathrm{m}}) = - p + [\mu_{\mathrm{m}}(\bar{v}_{\mathrm{m}} + \bar{v}_{\mathrm{m}}^{\mathrm{T}})] + \rho_{\mathrm{m}}\bar{g} + \bar{F} + (\sum_{k=1}^{n}\alpha_k\rho_k\bar{v}_{\mathrm{dr},k})$$

$$\tag{2-14}$$

式中，$\bar{F}$ 为体积力，N；μ_{m} 为混合流体黏度，Pa・s；$\bar{v}_{\mathrm{dr},k}$ 为第 k 相漂移速度，m/s。

混合模型的能量方程：

$$\frac{\partial}{\partial t}\sum_{k=1}^{n}(\alpha_k\rho_k E_k) + \sum_{k=1}^{n}[\alpha_k\bar{v}_k(\rho_k E_k + p)] = (K_{\mathrm{eff}} \, T) + S_{\mathrm{E}} \tag{2-15}$$

式中，K_{eff} 为有效热导率，W/(m・K)；S_{E} 包含了所有的化学反应源项，W/m；E_k 为混合模型中第 k 相能量，J。

2.4.2 几何模型

参考前文射流装置的设计结构尺寸，为了更好地观察汽泡在喉管和扩散段内的流动状况，将喉管和扩散段进行了适当加长，最终确定了数值模拟求解的几何模型结构尺寸：进口直径 20 mm，长 10 mm，射流收缩段长 57 mm，喷嘴出口直径 4 mm，喷嘴长 2 mm，喉管直径 6 mm，喉管长 36 mm，扩散段长 64 mm，出口直径 20 mm，出口段长 10 mm，吸液管直径 4 mm，吸液管长 20 mm。利用 GAMBIT 建立的射流汽蚀吸液装置几何模型如图 2-17 所示。

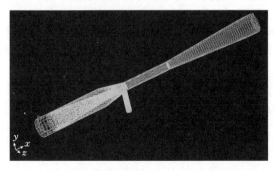

图 2-17　射流汽蚀吸液装置几何模型

网格是 ANSYS FLUENT 软件数值模拟与分析的载体，采用结构化网格对计算区域进行离散，网格质量直接影响计算的精度和效率。喷嘴出口段、喉管段和扩散段流场较为复杂，为及时准确地获取汽蚀过程中产生的数据信息，故这部分网格剖分密度大一些，以保证各部分节点距离相对稳定，同时，根据射流过程速度梯度对网格进行适度调整，最终划定几何模型网格总数为 51 982 个。

采用 ANSYS FLUENT 软件进行模型解算时,选用多相流 Mixture(有速度滑移)模型和 k-ε 湍流模型,在计算过程中开启能量交换选项,混合相介质为水和蒸汽两种,相间传质 Phase Interaction 选用 Schnerr-Sauer 汽蚀模型,采用 SIMPLE 进行速度和压力耦合,计算过程中动态监测吸液口质量流量并保存,采用隐式离散格式运算,格式稳定性不受步长影响,但步长过长,不易捕捉到汽蚀过程中产生的高频信号。同时,为了保证每个步长内收敛,模拟时进行了两种步长的设定:在观察汽蚀形成和界面波的过程中,每步 0.000 1 s,运行 500 步(共 0.05 s);进行不同出口压力实验时,由于需要观察整个过程的压力、流速和组分的变化情况,需要的运行时间较长,设计每步 0.005 s,运行 100 步(共 0.5 s)。在 GAMBIT 里进行边界条件设定,如表 2-2 所示,并在 ANSYS FLUENT 中对边界面赋值,进口质量流量设定为 0.44 kg/s,吸液口压力设定为大气压力,进口断面水力直径为 0.02 m,出口断面水力直径为 0.02 m,吸液口水力直径为 0.004 m,紊流强度均为 5%,共进行了 0、25 kPa、50 kPa、75 kPa、100 kPa、150 kPa 6 种出口压力的数值模拟。

表 2-2　边界条件设定情况

边　　　界	属　　　性
工作流体入口	Mass Flow Inlet
引射流体入口	Pressure Inlet
混合流体出口	Pressure Outlet
喷嘴出口	Interface(2 个面)
喉管入口	Interface(2 个面)
喉管出口	Interface(2 个面)
其他边界	Wall

2.4.3　模拟结果分析

(1)汽蚀吸液过程

在射流装置吸液过程中,蒸汽泡的产生标志着进入了汽蚀阶段,装置出口压力为零时,射流汽蚀吸液产生的蒸汽泡区域如图 2-18 所示,所选切面为 $z=0$,图中颜色深度表征蒸汽泡体积分数,红色表示纯蒸汽(蒸汽泡体积分数为 100%),蓝色表示纯液体(蒸汽泡体积分数为零)。可以看出,$t=0.002$ s 时,蒸汽泡首先大量出现于吸液腔内,同时吸液口中上部出现蒸汽泡,汽泡体积分数大多处于 60%~80%,随时间增加,汽泡体积分数在该范围内不断增大,尤其是吸液腔内,汽泡体积分数接近 95%,之后吸液口处汽泡区消失,汽泡区域开始向下游扩散;$t=0.01$ s 时,喉管前端和末端开始出现汽泡,该现象与有关学者[119-123]研究汽蚀不吸液时,汽泡的出现顺序和位置大致相同,随时间延长,喉管进口端汽泡不断向喉管内移动,并在喉管中间靠前位置处形成了汽泡体积分数高达 100% 的汽泡集聚区,喉管下游汽泡同时向喉管和扩散管内扩张,并与上游汽泡在喉管内汇合,在喉管内形成汽液混合流体。

(2)汽蚀界面波的突变性

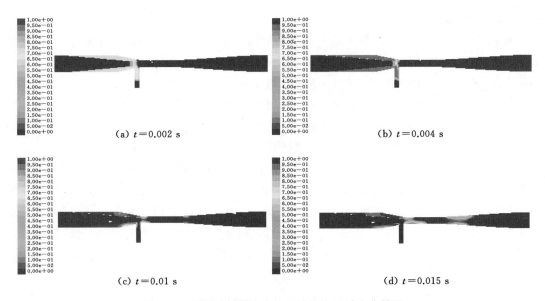

(a) $t=0.002$ s (b) $t=0.004$ s

(c) $t=0.01$ s (d) $t=0.015$ s

图 2-18 不同时刻射流汽蚀吸液汽泡区域变化情况

$t=0.03$ s 时,射流装置内的汽泡分布情况如图 2-19(a)所示,在射流装置扩散段,在汽蚀产生的蒸汽泡区与下游的液相区之间形成了非常明显的汽液过渡面,也即汽液界面波面,位置大致在距离进口 160 mm 处,在过渡面内,蒸汽泡体积分数逐渐降低。图 2-19(b)为沿射流装置轴线方向上混合流体的密度变化情况(与汽泡体积分数相反),可以看出,当 $x>$ 109 mm 时,混合流体密度由 786 kg/m³ 逐渐降低,并在 $x=158$ mm 时降至最低值 356 kg/m³;当 x 处于 158~167 mm 之间时,混合流体密度由 356 kg/m³ 急剧升至纯水密度 1 000 kg/m³。

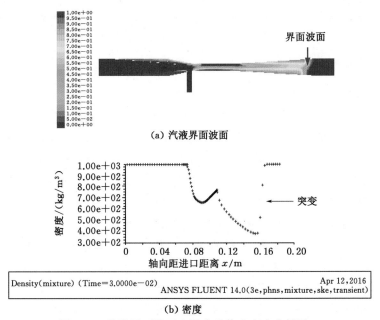

(a) 汽液界面波面

(b) 密度

图 2-19 汽液界面波面和混合流体密度变化情况

除了流体密度降低外,在过渡面内,混合流体压力和速度也发生急剧变化,如图 2-20 所示。同样在 x 处于 158~167 mm 之间时,压力由 -96 kPa 升至 -35 kPa,速度由 21.8 m/s 降至 8.9 m/s。由此可见,在汽液过渡面内,混合流体密度、压力和速度的突变性是界面波的基本特性。

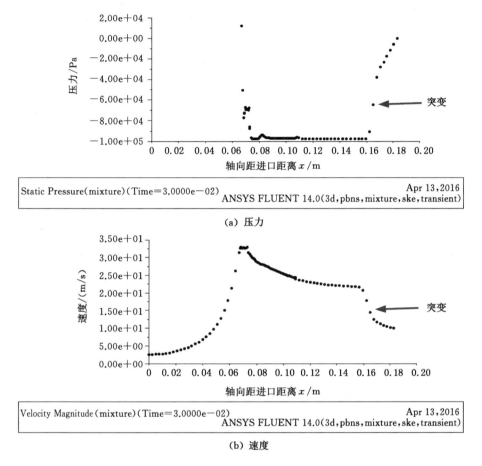

（a）压力

（b）速度

图 2-20　轴线方向上混合流体压力和速度变化情况

（3）出口压力对汽蚀汽泡区的影响

根据前文实验可知,射流汽蚀吸液过程受出口压力影响显著,出口压力增大,装置内压力增大,产生的汽泡变少,汽蚀程度降低。将出口压力由零升高至 150 kPa(每次增大 25 kPa),记录运行 0.5 s 时射流装置内的汽泡分布云图和轴线上含汽率(汽泡体积分数),如图 2-21所示。随着出口压力增大,扩散段内汽泡区域减小得非常明显。当出口压力为 50 kPa 时,扩散段内汽泡基本消失;当出口压力大于 50 kPa 时,汽泡处于喉管和吸液腔内;随着出口压力的进一步增加,当出口压力为 150 kPa 时,整个喉管和扩散管内汽泡完全消失,吸液腔后端吸液口位置的汽泡区域也消失。

随着射流装置出口压力增大,轴线上含汽率减小,最大含汽率由出口压力为零时的 58.6％降为出口压力为 150 kPa 时的零。由前文分析的汽蚀界面波特点可知,在出口压力为 0~100 kPa 时,射流装置内部存在汽液界面波,也即存在密度(含汽率)的突变;随着出口

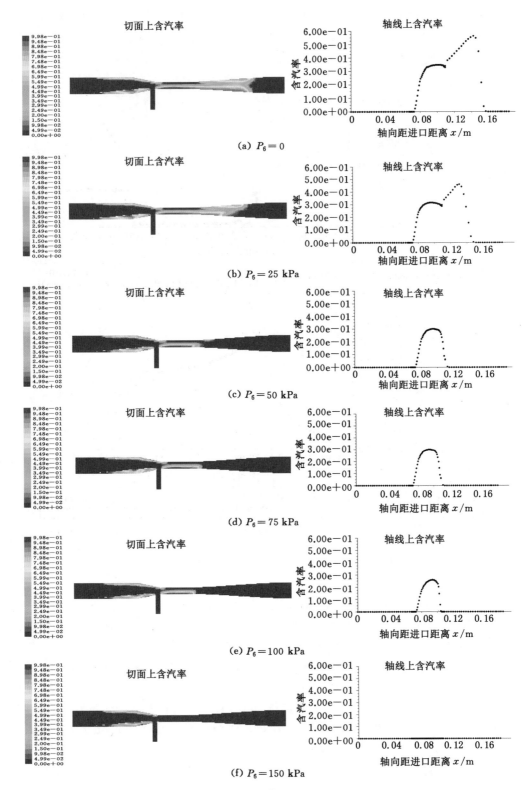

图 2-21　不同出口压力时的切面上和轴线上含汽率

压力的增大,含汽率的突变不断向射流装置上游移动,最终在出口压力为 100～150 kPa 时轴线上含汽率全部为零,突变消失,轴线上全部为液相,汽液界面波消失,汽蚀吸液过程完全结束。该结论与实验室拍摄到的汽泡区域和测试到的临界出口压力基本吻合。

（4）吸液量变化情况

本研究设定进口质量流量为 0.44 kg/s,模拟计算出的进口压力为 512 kPa,比理论值（500 kPa）略高,这主要是理论设计时未考虑流量系数造成的。由于本研究采用的是非稳态模型,流体参数是时间函数,吸液量也是实时变化的,模拟时,对吸液量进行实时监测并记录,得到了不同时刻的吸液量,如图 2-22 所示。

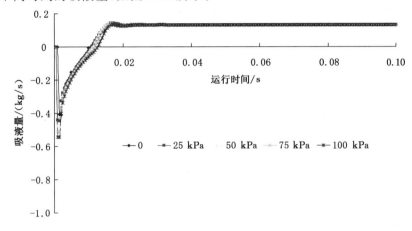

图 2-22　不同出口压力时射流装置吸液量变化情况

在运算的最初期,吸液量出现了负值,意味着吸液口位置出现了返液的情况。造成该现象的主要原因是,汽蚀最先出现于吸液口最上侧,汽蚀形成的汽泡在初始阶段膨胀,推动下部流体流出吸液口。这一现象可通过该区域含汽率和速度矢量的分布看出,如图 3-23 所示,混合流体速度矢量朝下,流体由吸液口流出,但这一现象持续时间非常短,仅 0.017 s 左右。随后汽蚀区汽泡稳定形成,速度方向转向由吸液口流入装置内部,如图 3-23 中进行 0.05 s时的含汽率和速度矢量所示,射流吸液过程非常稳定,稳定吸液量为 0.132 kg/s,该值大于实验所测值。其原因有以下几方面:① 几何模型将吸液管简化为 20 mm 长的直管,而实验测试时,吸液管较长且含有控制阀,吸液阻力损失较大;② 实验测试时,吸液口与储液罐之间有高差,吸液过程需要克服这一位能;③ 实验测试用的发泡剂存在一定的黏度,吸液阻力较纯水的大。

本章通过实验室测试与数值模拟,证明了采用射流汽蚀原理进行精确定量化吸液的科学性和准确性。由于目前抗汽蚀材料的研究和开发已经取得很大进展,如使用硬化型不锈钢、硬化型金属间化合物、形状记忆合金、钛基合金、金属涂层及非金属涂层材料等[149-152],流体机械的抗汽蚀性能和使用寿命已得到大幅提高,因而,将来采用抗汽蚀材料加工（或者喷涂）射流汽蚀部位是完全可以消除汽蚀带来的负面效应的。为此,笔者相信采用射流汽蚀原理进行液体物料的定量化添加,是具有广阔应用前景的,其适用范围将不仅仅局限于本书提出的煤矿泡沫灭火发泡剂的定量添加领域,在农业灌溉的肥料添加,医疗领域昂贵药液的精确配比,核工业有毒液体废料的处理等方面也均有可借鉴性。

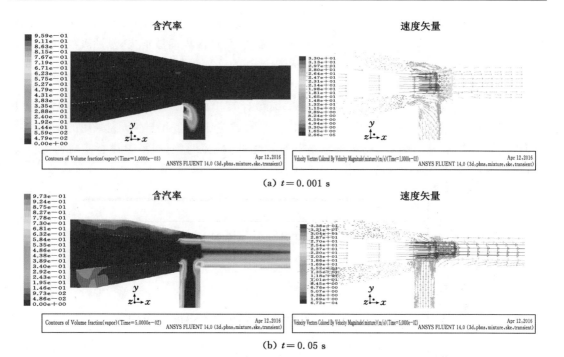

(a) $t = 0.001$ s

(b) $t = 0.05$ s

图 2-23 吸液口位置含汽率及速度矢量分布情况

3 螺旋射流式泡沫发生器低阻高效发泡特性研究

泡沫是气体分散于液体中的两相分散体系,由具有多个气液接触界面的气泡聚集而成,即泡沫是小气泡聚集体,气相被包裹于小气泡内,而液相构成的液膜之间相互贯通。泡沫主要通过充气、搅拌等方式使气相在液相中分散产生。发泡过程就是增大体系界面面积,将机械能转化为气液界面的表面能的过程。由于初始形成的泡沫表面能较高,在表面张力作用下,界面自动收缩,局部气泡发生破裂,因而泡沫体系始终处于动态变化的过程中。

泡沫的高效制备是影响泡沫灭火效果的关键。煤矿现场复杂的作业条件,使得现有泡沫制备技术装置在进行灭火时存在一定局限性。本章在分析已有泡沫发生器工作原理及使用特点的基础上,根据气液混合特点及泡沫产生的动力特性,设计出一种具有煤矿现场广泛适用性的专用大流量泡沫发生器。

3.1 新型泡沫发生器设计思路与工作原理

稳定泡沫的形成需要具备以下条件:① 气液充分接触。泡沫是由液体薄膜隔离开的气泡聚集体,液相是连续相,气相是分散相,只有液相和气相有了充分连续的接触,才能产生高质量的泡沫。② 泡沫液表面张力要低。若表面张力过大,小气泡收缩,则泡沫内的气体容易被挤出,从而导致破泡。③ 泡沫产生速度大于破裂速度,也即泡沫寿命要长、稳定性要好。在纯水中只能得到会瞬间破裂的单个气泡,向纯水中加入表面活性剂再通入气体,不仅会使泡沫的形成变得容易,泡沫也更稳定。④ 泡沫聚并。初始形成的泡沫表面能较高,整个体系处于不平衡阶段,且泡沫尺寸不一致,通过泡沫聚并,大泡沫兼并小泡沫,不稳定的泡沫合并,泡沫体系表面能降低,最终形成均匀的泡沫,从而使体系达到相对平衡的状态。

3.1.1 设计思路

煤矿泡沫灭火技术的基本思路是制备出大流量高倍数泡沫,实现对大空间煤炭自燃火区的立体化快速充填。决定泡沫灭火效果的关键是泡沫发生器的产泡性能,根据泡沫发生器在煤矿灭火应用中的特殊环境,结合现有泡沫发生器形式,提出了气液射流混合与网式发泡的设计思路,并基于此设计新型泡沫发生器。在装置的设计过程中,应从以下五个方面提高泡沫发生器性能:

(1)采用气液射流混合结构,合理匹配气液供给压力。供液与供气压力不一致,将导致气液混合不稳定,混合过程阻力急剧升高,尤其当供液压力大于供气压力时,液体将倒流至供气管路,回流至气体压缩机,损坏设备。采用射流结构,能够降低供气压力,实现泡沫发生器在高压供液与低压供气下的可靠运转。

（2）采用螺旋喷头雾化泡沫液，改善泡沫液喷射雾化效果，增大泡沫液扩散范围。实心锥喷嘴射流中心速度高，边界速度低，射流扩散角度小，雾化效果差，断面上泡沫液分布不均匀；而采用螺旋喷头，可扩大喷嘴覆盖范围，增大泡沫液滴分散均匀性，改善泡沫液空间雾化效果，利于液膜在整个网面上的铺展。

（3）采用多层复合凹面网，提高网面上泡沫液吸附效率。能够吸附在网面上的泡沫液才能够产泡，为此，需要增大网面上泡沫液的吸附量，并尽量使泡沫液在网面上均匀分布。因而，选用由金属网与棉网复合而成的特殊发泡网，将网面形状设计为"凹面"朝内侧的"抛物面"。由于装置出口必须具备足够的泡沫传输压力，因而需要在一定压力下进行网面发泡，故采用多层网。

（4）采用扩散结构，提高泡沫发生器出口驱动能力。装置后端采用扩散管，降低泡沫流动压力，使形成的大流量泡沫在低速下流动，提高泡沫流动的稳定性，增强泡沫静压恢复性能，增大泡沫发生器出口压力，提高泡沫远距离传输能力。

（5）采用渐变光滑流道，降低流动过程阻力损失。装置内部无运动部件，也不含挡板、涡轮等易产生能量损耗的高阻元件，流道避免采用突变（突扩或突缩）结构，射流喷嘴采用平滑渐缩式结构，泡沫流动装置采用渐扩结构。

3.1.2　工作原理

基于以上设计思路，根据气液两相混合方式，以及网面液膜成泡原理和煤矿井下实际条件，设计出了一种新型螺旋射流式泡沫发生器，如图 3-1 所示，它包括泡沫液接头、射流喷嘴、连接室、压风接头、螺旋喷头、扩散管、固定丝杆、双层复合凹面网和泡沫分配器。泡沫液接头与射流喷嘴相连；射流喷嘴内腔呈渐缩状，前端与螺旋喷头通过螺纹相连；螺旋喷头采用环腔螺旋结构，外部有多个逐渐减小的喷淋分层界面，内腔为畅通流线型的；压风接头与连接室相连；连接室与扩散管通过法兰连接；扩散管内的 L 形固定丝杆焊接在扩散管的内壁上，双层复合凹面网由螺母固定在丝杆上；扩散管和泡沫分配器通过法兰连接。

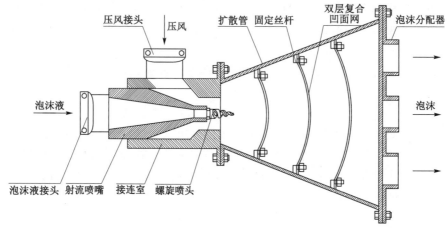

图 3-1　螺旋射流式泡沫发生器结构示意

螺旋射流式泡沫发生器工作原理为：① 泡沫液经过射流喷嘴时，流速升高，静压降低，在喷嘴出口处形成低压腔,从而使得压缩气体能够被顺畅地引入连接室内,减少了压风能量损失;② 高速泡沫液通过环腔螺旋结构的喷头时,与螺旋喷头上连续变小的螺旋分层界面剪切碰撞,形成分层雾化液滴螺旋喷出,泡沫液雾化粒径小,比表面积大,气液混合强度高,气液间质能转换快;③ 液滴喷洒至第一道双层复合凹面网上,在网面上铺展成薄液膜,借助气流的剪切鼓泡作用,气体很容易被液膜包裹,比表面积进一步增大,液膜不断收缩、回弹,形成气泡;④ 经第一道双层复合凹面网后,雾化液滴成泡率低,部分液滴直接穿过网眼而未参与起泡,当流经第二、第三道双层复合凹面网时,不仅能够将这些漏掉的液滴捕获进而发泡,而且能将已经发泡的泡沫液再次吸附,进行多次重复发泡;⑤ 在扩散段内,泡沫动压不断降低,静压恢复,进一步膨胀,从而在装置出口产生出大流量、高倍数、高出口压力的泡沫。

该装置采用气液射流低阻混合、螺旋喷头低阻分层雾化、双层复合凹面网高效吸附及气流鼓泡耦合机制进行发泡,产生的泡沫成泡率高、发泡倍数高、流量大,且可进行远距离高阻传输。装置以煤矿现有的供水、压风为动力,具有操作方便、体积小、质量轻、使用灵活的特点,而且装置内部无任何复杂运动部件,阻力损失小,可靠性高,突破了传统泡沫发生装置在应对煤矿现场恶劣作业环境时气液混合损失大、发泡效果差、适用性不强的技术瓶颈,尤其适合于煤矿大面积自燃空间所需灭火泡沫的大流量制备。

3.1.3 结构参数确定

(1)装置主体结构

螺旋射流式泡沫发生器分四部分:前端射流喷嘴、连接室、后端扩散管和尾部泡沫分配器。气液连接头由快速接头分别焊接到射流喷嘴前端及连接室外壁。组装时,先将螺旋喷头安装到射流喷嘴上,然后将射流喷嘴与连接室连接,之后将双层复合凹面网依次布置到扩散管内,并将扩散管与连接室相连,最后将泡沫分配器连接到扩散管后部。由于气量及泡沫量较大,为防止泡沫液泄漏,每个连接部件间均需要加装胶皮密封垫圈。图 3-2 为研制的螺旋射流式泡沫发生器实物,装置整体长度为 500 mm,其中,射流部分长 200 mm,扩散管长 300 mm,扩散管出口直径为 300 mm,装置质量为 9.5 kg。

图 3-2　螺旋射流式泡沫发生器实物

(2)螺旋喷头

液体与连续变小的螺旋面相切和碰撞后,变成微小的液珠喷出而呈雾状,螺旋喷头口径较大,可以最大限度地减少液体堵塞。图 3-3(a)为设计的螺旋喷头;螺旋喷头安装在射流喷嘴的最前端,如图 3-3(b)所示;喷头雾化效果如图 3-3(c)所示,雾化区域呈螺旋圆锥体,螺旋喷头在供液压力为 0.6 MPa 时雾化角度可达 120°,在形成的锥体内泡沫液分散均匀。

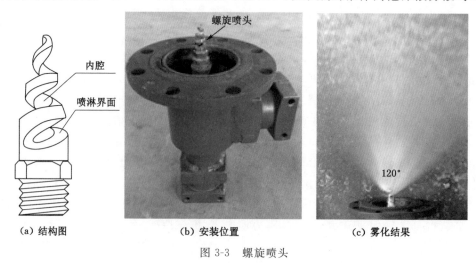

(a) 结构图　　　　　　　(b) 安装位置　　　　　　　(c) 雾化结果

图 3-3　螺旋喷头

（3）双层复合凹面网

双层复合凹面网由金属网与棉网组成,为保持棉网骨架平整,将棉网铺在钛合金金属网内凹面侧,其大小与金属网相当,通过 3 个螺孔将金属网固定到扩散管的内壁上,双层复合凹面网布置如图 3-4 所示。扩散管进口直径为 80 mm,出口直径为 300 mm,双层复合凹面网间距为 80 mm,三道双层复合凹面网中金属网直径依次为 2 mm、3 mm 和 4 mm,大网孔网面安装在前端,小网孔网面安装在后端。

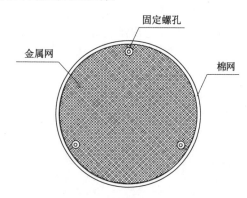

图 3-4　双层复合凹面网布置示意

3.2　螺旋射流式泡沫发生器产泡性能实验

3.2.1　测试系统

图 3-5 为笔者自行设计的螺旋射流式泡沫发生器性能实验测试系统。气体压缩机（BLT-75A 型）用于提供稳定气源,气量范围为 0～600 m³/h,压力为 0～0.8 MPa;采用

3WP14-15/25 型变频柱塞泵,向螺旋射流式泡沫发生器提供泡沫液,并通过柱塞泵配套的变频器调节泡沫液流量;采用手动控制阀调节泡沫发生器出口管路上的压力。测试仪器设备包括 3 个压力表(P_g、P_1、P_b)、电磁流量计(EMF)、涡街流量计(VSF)、泡沫计量池、机械秒表、水桶和电子天平。

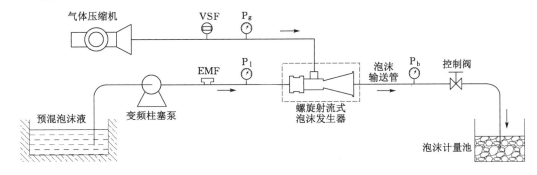

图 3-5　螺旋射流式泡沫发生器性能实验测试系统

图 3-6 为实验所用的主要设备,包括操作台、泡沫液储液罐、气体压缩机、涡街流量计、机械秒表和泡沫计量池。供液流量及气体流量由流量计监测,并通过操作台计算机读取数据。

实验测试过程中所用仪器设备的规格如表 3-1 所示。

表 3-1　测试仪器设备规格

序号	名称	量程	精度	生产厂商
1	涡街流量计	0～600 m³/h	1.0%	江苏爱科特仪表有限公司
2	气体压力表(P_g)	0～0.8 MPa	0.25%	雷尔达仪表有限公司
3	液体压力表(P_1)	0～6.0 MPa	0.5%	雷尔达仪表有限公司
4	出口压力表(P_b)	0～0.8 MPa	0.25%	雷尔达仪表有限公司
5	机械秒表	0～900 s	0.1 s	东莞伟鸿仪器有限公司
6	电子天平	0～30 kg	0.5%	上海友声衡器有限公司
7	水桶	0～22 L		
8	泡沫计量池	0～240 L		

泡沫液由发泡剂与清水提前预混制备,发泡剂浓度为 0.8%。泡沫发生器出口压力由控制阀调节。通过记录充满泡沫计量池所需时间 T(s),计算泡沫量 Q_f(m³/h),为减小泡沫射入泡沫计量池时快速破裂引起的测试误差,实验时从泡沫计量池中取出部分泡沫放入水桶中,统一测量水桶中泡沫在静态下的发泡倍数(通过称重计算发泡倍数 n)。

3.2.2　实验内容

(1) 实验预备

按图 3-5 将实验系统组装好,确保各接合处连接牢固、密封完好,打开电源开关,首先启

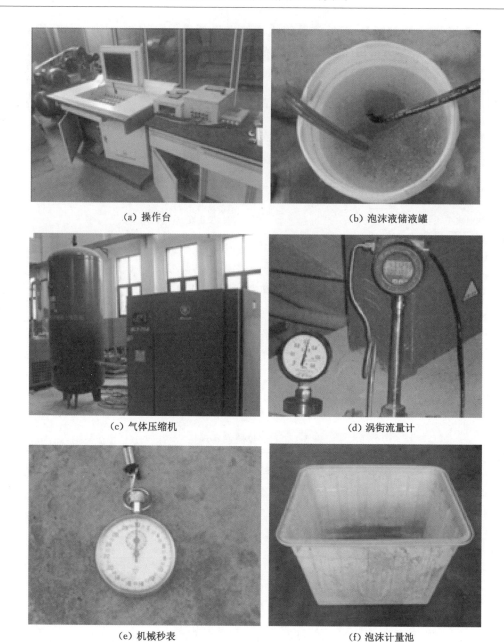

(a) 操作台　　　　　　　　　　　(b) 泡沫液储液罐

(c) 气体压缩机　　　　　　　　　(d) 涡街流量计

(e) 机械秒表　　　　　　　　　　(f) 泡沫计量池

图 3-6　实验系统主要设备

动气体压缩机,随后开启变频柱塞泵,并通过变频器调节供液输出工况。

（2）供液压力与供气压力及供气量关系实验

不连接泡沫发生器出口的泡沫输送管,维持出口压力 $P_b=0$,通过调高变频器频率(从 5 Hz 开始每次增大 4 Hz)以增加供液压力 P_l,测试泡沫发生器供液压力 P_l、供气压力 P_g 及供气量 Q_g。

（3）不同供液量下产泡效果实验

维持出口压力 $P_b=0$,通过变频器将供液量 Q_l 由 1.0 m³/h 增大到 6.0 m³/h,每次增大

0.5 m³/h,观察泡沫发生器出口处泡沫形态,拍摄并测量装置出口处的过剩泡沫液流出角度,测试泡沫量 Q_f 及发泡倍数 n,如图 3-7 所示。

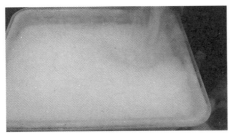

（a）泡沫量测试　　　　　　　　　　（b）发泡倍数测试

图 3-7　泡沫量与发泡倍数测试

（4）出口压力与供气压力及产泡效果关系实验

将泡沫输送管及控制阀接入实验系统,维持供液量为 3.0 m³/h 及最大供风,缓慢关闭控制阀使出口压力 P_b 由零逐渐增大,每次增大 0.05 MPa,直至泡沫产生效果急剧变差,测试泡沫发生器供气压力 P_g 和泡沫量 Q_f。

将供液量分别调至 4.0 m³/h 及 5.0 m³/h,重复上述步骤。

3.3　实验结果与讨论

3.3.1　原始数据

采用上述实验系统及方案,完成了不同工况下螺旋射流式泡沫发生器的性能实验,得出了不同供液（水）量（供液压力）条件下泡沫发生器供气压力及泡沫产生量,测量和计算结果如表 3-2 所示;不同出口压力下,装置供气压力及泡沫产生量的实验结果如表 3-3 所示。

表 3-2　不同供液工况下泡沫发生器实验数据

供液(水)量/(m³/h)	供液压力/MPa	供气压力/MPa	供气量/(m³/h)	泡沫量/(m³/h)	发泡倍数/倍
1.0	0.88	0.049	402.5	78.8	74.8
1.5	0.95	0.053	389.4	118.4	77.2
2.0	1.04	0.055	384.2	188.5	83.6
2.5	1.18	0.058	376.3	232.3	89.6
3.0	1.41	0.067	345.6	283.5	91.5
3.5	1.76	0.084	311.9	360.0	94.2
4.0	2.12	0.094	289.5	378.9	93.7
4.5	2.54	0.103	251.9	387.1	90.4
5.0	2.98	0.129	239.5	391.3	74.1
5.5	3.58	0.143	201.5	395.6	68.7
6.0	4.42	0.182	178.5	395.6	54.2

表 3-3 不同出口压力下泡沫发生器实验数据

供液(水)量/(m³/h)	出口压力/MPa	供气压力/MPa	泡沫量/(m³/h)
3.0	0	0.067	283.5
3.0	0.05	0.101	292.7
3.0	0.10	0.172	290.3
3.0	0.15	0.209	283.5
3.0	0.20	0.258	255.3
3.0	0.25	0.326	214.3
3.0	0.30	0.356	159.3
3.0	0.40	0.447	70.5
3.0	0.45	0.487	46.9
3.0	0.50	0.528	29.7
4.0	0	0.094	378.9
4.0	0.05	0.146	383.0
4.0	0.10	0.197	378.9
4.0	0.15	0.248	378.9
4.0	0.20	0.293	367.3
4.0	0.25	0.349	352.9
4.0	0.30	0.402	321.4
4.0	0.35	0.443	264.7
4.0	0.40	0.499	175.6
4.0	0.45	0.542	125.4
4.0	0.50	0.603	97.6
5.0	0	0.129	391.3
5.0	0.05	0.179	387.1
5.0	0.10	0.256	395.6
5.0	0.15	0.296	383.0
5.0	0.20	0.348	378.9
5.0	0.25	0.422	375.0
5.0	0.30	0.492	356.4
5.0	0.35	0.548	313.0
5.0	0.40	0.574	246.6
5.0	0.45	0.624	190.5
5.0	0.50	0.669	154.5

3.3.2 供液压力与供气压力及供气量关系

泡沫发生器采用射流结构,能够对相差很大的气液供给压力进行合理匹配,射流形成的低压可将气体顺利引入装置内部,并最终实现泡沫发生器在高供液压力与低供气压力下的可靠运行。图 3-8 为泡沫发生器稳定运行时供液压力与供气压力的关系曲线,随着供液压力 P_l 的增大,供气压力 P_g 呈近似线性增大(相关系数 R 达 0.997 2),斜率为 0.036 6,也即 P_g 随 P_l 的大幅升高而小幅上升。

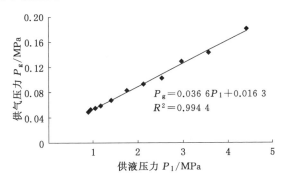

图 3-8　供气压力 P_g 与供液压力 P_l 的关系曲线

供气量 Q_g 与供液压力 P_l 的关系曲线如图 3-9 所示。由图 3-9 可以看出,增大供液压力 P_l 将使供气量 Q_g 明显减小,当 P_l 由 0.88 MPa 增大到 4.42 MPa 时,供气量 Q_g 由 402.5 m³/h 急剧降低至 178.5 m³/h,降幅达 55.7%;由曲线趋势可预测,过大的供液压力将导致气体无法进入泡沫发生器,甚至回流至供风管的现象($Q_g \leqslant 0$),从而导致形成的气泡含气率低,发泡效果变差。

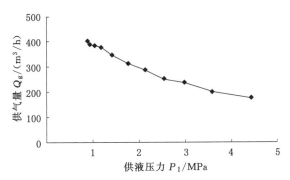

图 3-9　供气量 Q_g 与供液压力 P_l 的关系曲线

3.3.3　产泡效果与供液量关系

在确定的风量及泡沫液浓度下,螺旋射流式泡沫发生器的产泡性能受供液量影响显著。图 3-10 为不同供液量下泡沫发生器的发泡效果,当供液量 Q_l 为 2.0 m³/h 时,由于供气量相对较大,气泡破碎严重,形成的泡沫呈不连续碎片状,大流量泡沫群难以形成,气量利用率低,风泡比大,发泡效果差;随着 Q_l 增大,气量利用率提高,发泡效果逐渐改善,泡沫体也变得致密连续,泡沫充满了整个泡沫发生器出口断面,发泡效果在供液量为 3.5～4.5 m³/h 时达到最佳;继续增大供液量,当 Q_l 大于 5.5 m³/h 后,发泡效果改观不太明显,虽然泡沫产生量依然较大,但泡沫发生器出口的底部出现了大量的过剩泡沫液,如图 3-10(d)所示,当供液量由 3.5 m³/h 增大到 5.5 m³/h 时,过剩泡沫液在出口处的流出角度由 144°增大到 161°,大量过剩泡沫液的出现将导致发泡倍数降低。

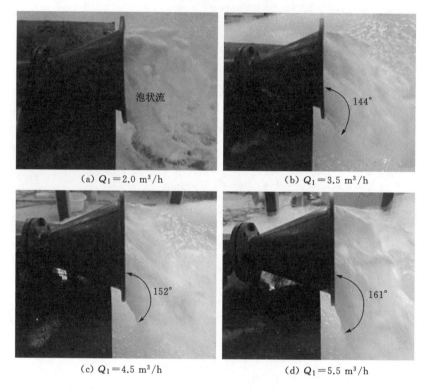

(a) $Q_1 = 2.0$ m³/h 　　　　　 (b) $Q_1 = 3.5$ m³/h

(c) $Q_1 = 4.5$ m³/h 　　　　　 (d) $Q_1 = 5.5$ m³/h

图 3-10　泡沫发生器在不同供液量下的发泡效果

通过测试计算不同供液量下的泡沫量 Q_f 与发泡倍数 n,得出了泡沫量 Q_f 和发泡倍数 n 与供液量 Q_1 的关系,如图 3-11 和图 3-12 所示。

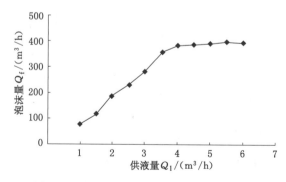

图 3-11　泡沫量 Q_f 与供液量 Q_1 的关系曲线

泡沫量 Q_f 随供液量 Q_1 增大而增大,当 Q_1 增至 6.0 m³/h 时,Q_f 达最大值 395.6 m³/h。Q_f 的增大状况可分为两个阶段:当 Q_1 由 1.0 m³/h 增大到 3.5 m³/h 时,Q_f 增速很快;而 Q_1 在 4.5～6.0 m³/h 之间增长时,Q_f 增幅不大。发泡倍数 n 的变化状况与 Q_f 类似,发泡倍数 n 在

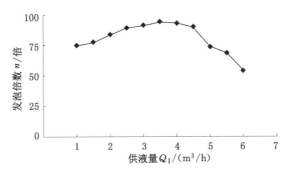

图 3-12　发泡倍数 n 与供液量 Q_1 的关系曲线

$Q_1=4.0$ m³/h 时达最大值 94 倍,随后急剧下降,与 Q_f 不同之处在于初始阶段,即使 Q_f 较小,发泡倍数 n 依旧普遍较大(最小 74.8 倍),而当供液量较大时,过剩泡沫液直接流失,未参与起泡沫,发泡倍数反而降低。

　　引起上述变化的原因是:① 当供液量小时,泡沫液被完全用于鼓泡,因而泡沫量随供液量增大而增大,但风量相对较大,风泡比高(>3),气泡持液能力弱,液膜非常薄,泡沫弹性差,多余的风量不利于已形成泡沫的稳定,最终形成的是含气率较高的泡状流,如图 3-10(a)所示,会有部分"飞泡"出现,因而发泡倍数高;② 随着供液量增大,风量利用率增大,风泡比降低,气泡持液量增大,液膜厚度增加,泡沫弹性增强,泡状流逐渐消失,取而代之的是致密的泡沫群,泡沫产生量不断增大,在此过程中,风量浪费减少,泡沫液利用充分,发泡倍数有所增大;③ 当供液量达到临界值后,由于风量已被完全利用,泡沫量在该泡沫发生器结构尺寸下达最大值,气泡持液量已饱和,液膜厚度和泡沫弹性均达最大值,进一步增大供液量反而会使液膜自重加剧,泡沫析液加快[153-154],发泡倍数降低。由上述分析可以确定螺旋射流式泡沫发生器合理的工作流量为 3.5～4.5 m³/h,在该范围内泡沫产生量及发泡倍数均较高,有利于最大限度地提高泡沫灭火的效率。

3.3.4　出口压力对装置性能的影响

　　泡沫发生器出口压力反映其能够克服的下游阻力损失,该阻力损失是输送管线沿程损失及局部损失之和,出口压力高低反映装置驱动性能的优劣,具有的出口压力高表明装置能够在较大传输阻力下正常运行,在实际使用过程中适用性更广、可靠性更高;相对而言,低出口压力装置在高阻下工作时可能会超负荷运转,泡沫发生器产泡能力降低,装置稳定性变差。通过调节泡沫输送管路上的控制阀,逐渐增大泡沫发生器出口压力 P_b(每次增加 0.05 MPa),得出了供气压力 P_g 的变化情况,如图 3-13 所示。

　　供气压力 P_g 随出口压力 P_b 增大而增大,两者呈近似线性关系。通过线性拟合,可得不同供液量下两者的拟合公式:

$$P_g = 0.938\ 9P_b + 0.070\ 4 \quad (Q_1 = 3.0\ \text{m}^3/\text{h}) \tag{3-1}$$

$$P_g = 1.006\ 2P_b + 0.095\ 4 \quad (Q_1 = 4.0\ \text{m}^3/\text{h}) \tag{3-2}$$

$$P_g = 1.105\ 8P_b + 0.013\ 6 \quad (Q_1 = 5.0\ \text{m}^3/\text{h}) \tag{3-3}$$

　　由图 3-13 和式(3-1)至式(3-3)可知,随着供液量 Q_1 由 3.0 m³/h 增大到 5.0 m³/h,线性斜率由 0.938 9 增大到 1.105 8,表明在高供液量条件下,为获得高出口压力,需要更大的供

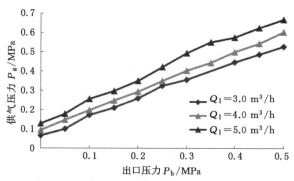

图 3-13　供气压力 P_g 与出口压力 P_b 的关系曲线

气压力,这对泡沫发生器的动力要求也将更高。

图 3-14 为泡沫量 Q_f 与出口压力 P_b 的关系曲线。由图 3-14 可以看出,在出口压力 P_b 较小时,泡沫量 Q_f 变化不大;而一旦 P_b 大于临界出口压力 P_b^*,Q_f 将急剧减小。P_b^* 随供液量 Q_1 而变化,Q_1 为 3.0 m³/h 时,P_b^* 为 0.15~0.2 MPa;Q_1 为 5.0 m³/h 时,P_b^* 为 0.25~0.3 MPa。造成泡沫量减少的主要原因是,高出口压力引起泡沫群聚并加剧,大气泡迅速破裂为耐高压的小气泡,气泡液膜表面析液增多,并最终导致输送管内泡沫出现气液分层,泡沫不能完全充满输送管路。因此,为保证泡沫发生器产生的大流量泡沫能够进行可靠的远距离高阻输运,保持泡沫传输压力低于临界出口压力 P_b^* 是必要条件。

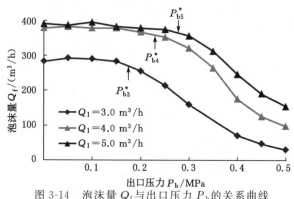

图 3-14　泡沫量 Q_f 与出口压力 P_b 的关系曲线

3.4　螺旋射流式泡沫发生器低阻混合特性数值模拟

上述实验证明了螺旋射流式泡沫发生器的高效产泡性能,下面将研究其实现气液低阻混合的机制。螺旋射流式泡沫发生器由气液射流混合、螺旋喷射和网面发泡三部分组成,由于后两部分不涉及气液混合,因而,本节仅将气液射流混合部分作为研究重点,进行 ANSYS FLUENT 数值模拟分析。

3.4.1　数学模型

使用 VOF 两相流模型和 k-ε 紊流模型,对气液两相界面进行追踪。假设液相为不可压缩流体,模拟过程中运用的控制方程如下。

连续性方程:

$$\frac{\partial \rho}{\partial t} + \nabla \cdot (\rho U) = 0 \tag{3-4}$$

动量方程:

$$\frac{\partial (\rho U)}{\partial t} + \nabla(\rho UU) = -\nabla p + \nabla \cdot [\mu(\nabla U + \nabla U^{\mathrm{T}})] + \rho + F \tag{3-5}$$

$$F = \sum_{i<j} \sigma_{ij} \frac{\alpha_i \rho_i k_j \nabla \alpha_j + \alpha_j \rho_j k_i \nabla \alpha_i}{\frac{1}{2}(\rho_i + \rho_j)} \tag{3-6}$$

式(3-4)至式(3-6)中,ρ 为混合物密度,kg/m^3;ρ_i,ρ_j 分别为气相和液相密度,kg/m^3;U 为气液两相混合物流速,m/s;μ 为气液两相混合物黏度,$Pa \cdot s$;F 为动量源项,$(kg \cdot m)/s$;σ_{ij} 为表面张力系数;k_i 为表面曲率,m^{-1};α_i,α_j 分别为气相和液相体积分数,%。

湍动能 k 方程:

$$\frac{\partial}{\partial t}(\rho_1 \varepsilon_1 k) + \nabla \cdot (\rho_1 \varepsilon_1 \mu_1 k) = \nabla \cdot \left(\varepsilon_1 \frac{\mu_1}{\sigma_k} \nabla k\right) + \varepsilon_1 G_{k1} - \varepsilon_1 \rho_1 \varepsilon + \varepsilon_1 \rho_1 \prod k_1 \tag{3-7}$$

湍动能耗散率 ε 方程:

$$\frac{\partial}{\partial t}(\rho_1 \varepsilon_1 \varepsilon) + \nabla \cdot (\rho_1 \varepsilon_1 \mu_1 \varepsilon) = \nabla \cdot \left(\varepsilon_1 \frac{\mu_1}{\sigma_\varepsilon} \nabla \varepsilon\right) + \varepsilon_1 \frac{\varepsilon}{k}(C_{1\varepsilon}G_{k1} - C_{2\varepsilon}\rho_{1\varepsilon}) + \varepsilon_1 \rho_1 \prod \varepsilon_1 \tag{3-8}$$

式中,ε 为湍动能耗散率;ε_1 为液相湍动能耗散率;ρ_1 为液相密度,kg/m^3;k 为湍动能,J;k_1 为液相湍动能,J;σ_k 为 k 方程的湍流普朗特数(无因次数);σ_ε 为 ε 方程的湍流普朗特数(无因次数);μ_1 为液相黏度,$Pa \cdot s$;G_{k1} 为湍动能产生速率,m^2/s^2;$C_{1\varepsilon}$,$C_{2\varepsilon}$ 为常数。

3.4.2　几何模型

根据前述螺旋射流式泡沫发生器气液混合部分的实际尺寸,确定了混合装置的外轮廓尺寸:进液口直径 40 mm,进气口直径 40 mm,出口直径 30 mm,混合段长 160 mm,出口长 40 mm,为消除进出口端部效应,进液口和进气口均预留 20 mm 直管段,模型总长220 mm。共模拟四种类型的气液混合形式:无射流结构(L_0)、射流结构长 40 mm(L_{40})、射流结构长 80 mm(L_{80})、射流结构长 120 mm(L_{120})。利用 GAMBIT 建立的四种气液混合装置几何模型如图 3-15 所示。

四种类型几何模型的网格划分如表 3-4 所示。

表 3-4　几何模型网格划分

类型	元素	网格类型	网格数量/个
L_0	Tet/Hybrid	Tgid	24 674
L_{40}	Tet/Hybrid	Tgid	39 920
L_{80}	Tet/Hybrid	Tgid	50 402
L_{120}	Tet/Hybrid	Tgid	64 097

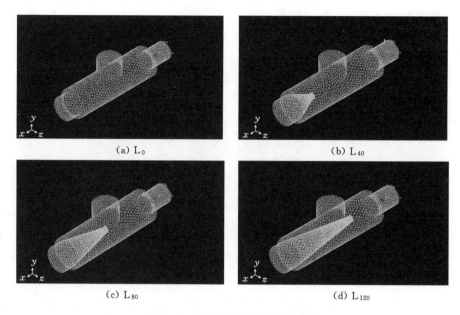

$$(a) L_0 \qquad (b) L_{40}$$

$$(c) L_{80} \qquad (d) L_{120}$$

图 3-15　气液混合装置几何模型

供液进口采用速度进口 Velocity Inlet，供气进口采用压力进口 Pressure Inlet，出口采用压力出口 Pressure Out，喷嘴出口设为 Interior，其他边界均设为壁面 Wall；进口液体速度为2.6 m/s，介质为水；进口风压为 $50\sim300$ kPa，介质为空气；进水口和进风口断面水力直径为0.04 m，出口断面水力直径为 0.03 m；紊流强度均为5％。

3.4.3　模拟结果分析

气液的有效混合是保证泡沫发生器实现低阻高效发泡的前提，气液混合过程的组分均匀程度、速度分布、供液与供气压力的匹配及湍动能是衡量混合效果的核心指标。

（1）气液组分混合

气液在有无射流混合装置内混合，运行 200 步时，气液组分混合结果如图 3-16 所示，其中，红色表示纯液体（100％），蓝色表示纯气体（0），介于两者之间的是气液混合物。可以看出，气液在无射流结构（L_0）混合装置内部混合时存在强烈的相互掺混现象，由于气体速度较高，在混合装置进气口附近，气体与液体之间形成了斜向下的分界面，并有逐渐扩大的趋势，在进气口下游，气体进入液体内部，混合程度有所增强，由于混合不充分，气液在出口段的分离非常明显。相比较而言，虽然气液射流在喷嘴出口段存在剧烈的组分转换现象，但在装置混合腔体内，由于射流速度高，气液接触面积大，混合强度大，气液混合进行得较为充分，在出口段气液混合逐渐趋于均匀。

图 3-17 为不同气液混合装置在相同工况条件下运行 500 步时的组分分布情况，其中，$z=0$ m 切面是混合装置的中轴线切面，$x=0.22$ m 切面是混合装置的出口断面（注：坐标原点为进口圆心）。由图 3-17 可以看出，在无射流结构混合装置出口断面上，含液率高的组分全部分布于断面中下部，上部为含液率较低的混合组分或纯气相；有射流结构混合装置较无射流结构混合装置的混合性能有明显改善，在出口断面上，气液混合程度逐渐均匀，相对而

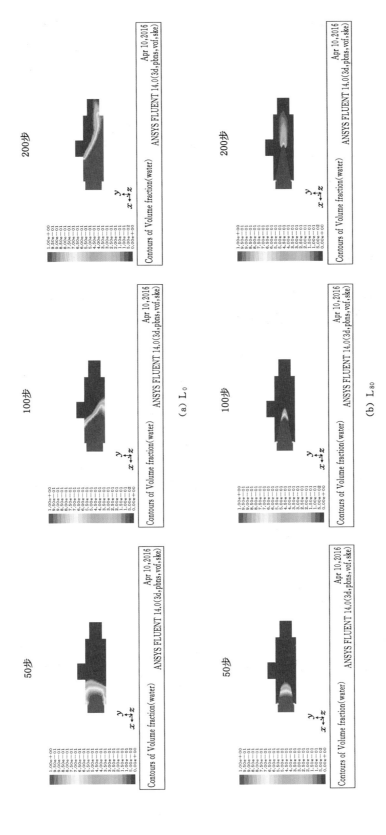

图 3-16　混合装置内气液混合过程

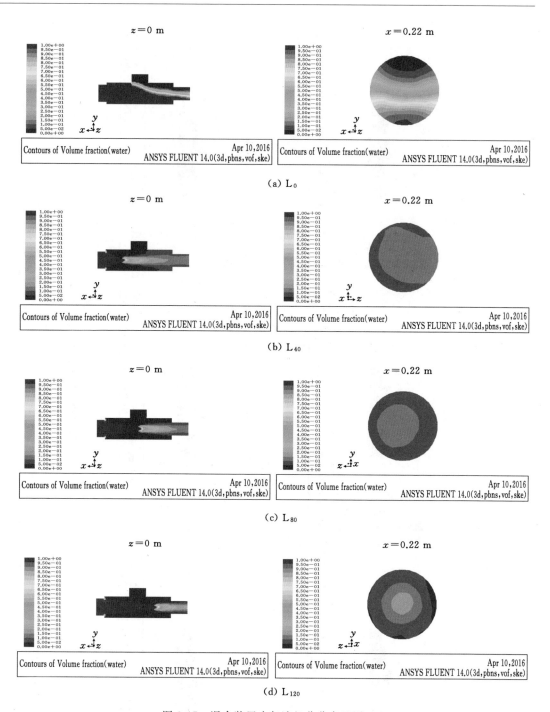

图 3-17　混合装置内气液组分分布云图

言,射流喷嘴更长、距离混合出口更近的 L_{120} 混合装置,其气液两相组分在断面上的分布比 L_{40} 和 L_{80} 混合装置的更为均匀。

　　(2)混合流体速度分布

　　相同运行工况下,装置内混合流体速度分布情况如图 3-18 所示。无射流结构混合装

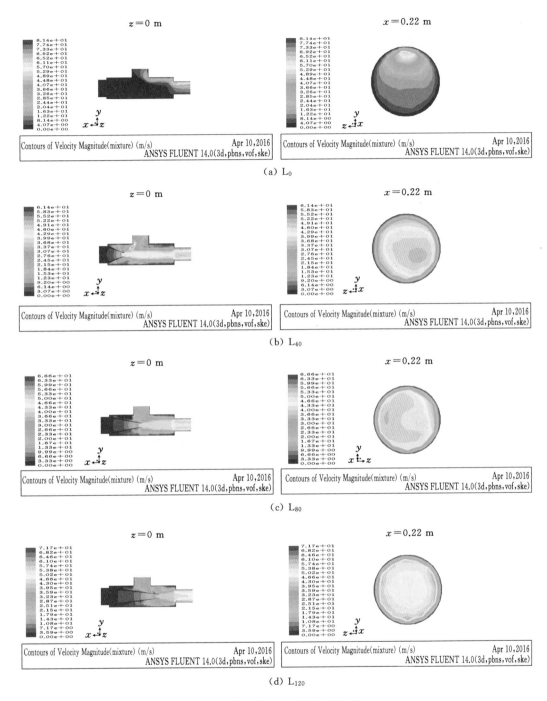

（a）L_0

（b）L_{40}

（c）L_{80}

（d）L_{120}

图 3-18　混合装置内速度分布云图

置,其混合流体速度分布不均匀,在进气口位置速度开始出现明显的不均匀化,在进气口的下游位置上部出现了速度分层区,最高速度达 81.4 m/s,这点在出口断面（$x=0.22$ m）的速度分布云图上体现得很明显,中上部出现了一个小范围高速区。采用射流结构后,在收缩段完成降压增速,出口速度高于进气速度,工作液体带动气体形成伴随射流,气液在射流混合腔体内和出口段进行快速的质能转换,气体速度不断提高,液体速度有所降低,最终两者速度在出口段趋于相等。由出口断面($x=0.22$ m)速度分布云图可以看出,采用射流结构后,较无射流结构混合装置,其断面出口处速度分布的均匀性显著提高,而且相对而言,距离混合出口更近的 L_{120} 混合装置的速度分布效果比 L_{40} 和 L_{80} 混合装置的更佳,这可能与 L_{40} 和 L_{80} 混合装置射流混合过长导致速度衰减有关。由 L_{40} 混合装置 $z=0$ m 切面上的速度分布可以看出,当喷嘴处于进气口上游时,混合流体在进气口附近出现了局部高速区,局部湍动能较大,这对气液的整体混合是不利的,由此可以判断最佳的射流喷嘴位置应位于进气口下游,而非前端或正对位置。

图 3-19 是混合装置内流体速度沿轴向的变化情况。由于无射流结构混合装置出口断面速度分布不均匀,最高速度点出现在断面上部,因而无射流结构混合装置出口断面中轴线上的速度仅有 15.2 m/s,是最高速度的 18.7%,而且出口段混合流体速度波动较大,速度忽高忽低;流体在射流结构喷嘴段增速,流体速度分别在距进口 60 mm(L_{40} 混合装置)、100 mm(L_{80} 混合装置)、140 mm(L_{120} 混合装置)处达峰值,最大速度为 $42.4\sim42.6$ m/s,如图 3-19 所示,在出口处由于断面面积减小,流体速度将会再次有所增大,最终出口速度分别为 48.5 m/s(L_{40} 混合装置)、49.1 m/s(L_{80} 混合装置)、46.8 m/s(L_{120} 混合装置),且速度波动性明显小于无射流结构混合装置的。

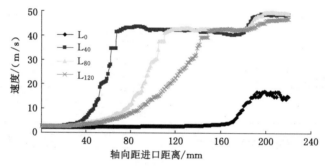

图 3-19　混合装置流体轴向速度变化情况

（3）混合流体压力分布

无射流结构的气液混合装置,其内部相当于三通,进液口压力与进气口压力是近似相等的,它所允许的最大进液压力只能接近进气压力,即无法实现高供液压力与低供气压力的混合。不同类型混合装置内气液压力的分布情况如图 3-20 所示,无射流结构混合装置内进口压力约等于初始供气压力(50 kPa),气液压力在进气口下游区域大范围波动,尤其是在混合出口段,气液压力始终未能实现均匀分布;射流结构利用动静压之间的转换解决了气液的压力匹配问题,而且改善了气液混合过程中压力分布不均的问题,气液压力在喷嘴出口下游保持了非常均匀的分布状况。

液体经过收缩段降压,在喷嘴出口处匹配至接近供气压力,从而解决了不同压力条件下的气液混合问题。相比无射流结构混合装置,在相同供气压力和供液流速条件下,L_{40}、L_{80} 和 L_{120} 混合装置可将供液压力允许值提高至 $96.8\sim99.3$ kPa,而且在混合装置腔体和出口段内压力分布非常均匀;由于射流速度较高,在出口断面处依旧保持了 $-66.6\sim-23.1$ kPa 的负压,该负压为保证气体顺利进入泡沫发生器和下一步在扩散段的膨胀发泡提供了非常

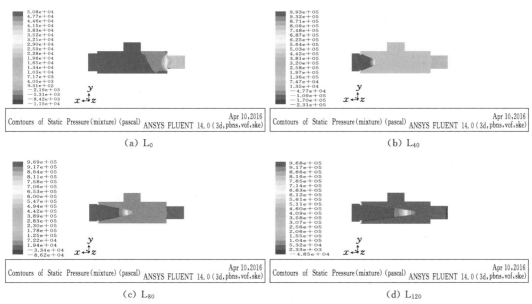

（a）L_0 （b）L_{40}

（c）L_{80} （d）L_{120}

图 3-20 混合装置内气液压力分布云图

有利的条件。

保持供液速度不变，通过对初始供气压力赋不同值，共对四种类型混合装置进行了 24 组模拟（每种类型模拟 6 组），得到了匹配液压与供气压力的关系，如图 3-21 所示。与前述实验室实验得出的结论相同，供液压力与供气压力保持了高度的线性关系；不同射流结构，L_{40} 混合装置的进口压力要稍高于 L_{80} 和 L_{120} 混合装置的，但相差不明显，这主要是由于在建立模型时提前设定了进口直径和喷嘴直径，根据伯努利方程，射流进口压力主要是由这两个参数决定的，其差别主要是喷嘴长度不同引起的阻力损失造成的。

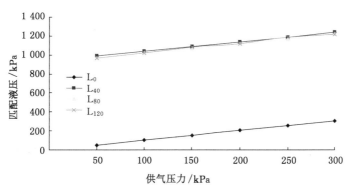

图 3-21 混合装置匹配液压与供气压力的关系曲线

（4）速度矢量与湍动能分布

无射流结构混合装置内的速度矢量和湍动能分布如图 3-22 所示。混合流体在无射流结构混合装置内，高速区速度矢量沿混合装置内壁面朝向下游，并在装置混合腔的后部与出口段内出现最大高速区，从而引起出口处较大的湍动能损失。由于上方流入的混合流体速度较高，无射流结构混合装置的湍动能损失在断面上呈上部大、下部小的分布特征。

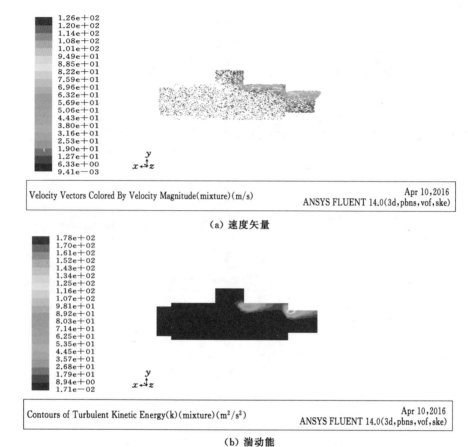

（a）速度矢量

（b）湍动能

图 3-22　无射流结构混合装置内的速度矢量与湍动能

对于射流混合，混合流体速度矢量整体较为一致（沿主流体流动方向），如图 3-23 所示。当射流出口位于进气口上游时（L_{40} 混合装置），在进气口上游附近出现了朝喷嘴方向流动的较大速度，并在此处引起较大的湍动能，如图 3-24 所示。

随着射流结构长度增大，尤其是当喷嘴处于进气口下游时（L_{120} 混合装置），混合流体速度矢量逐渐趋于方向一致，射流的伴随特性表现得非常明显，在混合装置腔体内几乎不再出现较大的旋流涡团，出口断面的湍动能明显降低，如图 3-23 所示，这表明气液混合过程的能量损失得到了有效降低。

速度矢量　　　　　　　　　　　　　　　　　出口湍动能

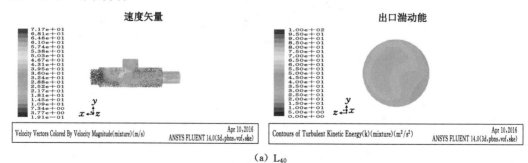

（a）L_{40}

图 3-23　射流混合过程中速度矢量与出口湍动能

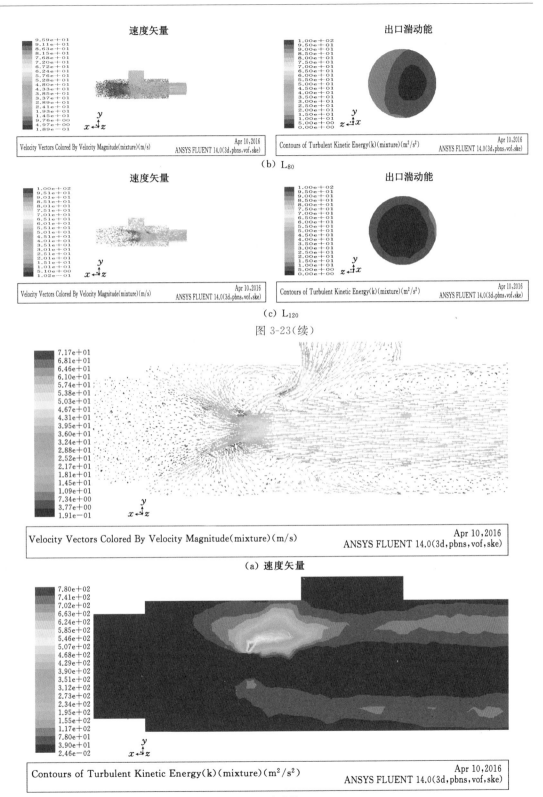

图 3-24　L₄₀ 混合装置的速度矢量与湍动能

4 泡沫在采空区内的流动特性研究

煤矿泡沫灭火是一个系统工程,制备出大流量高性能泡沫后,如何利用泡沫是煤矿灭火中的另一个关键问题,其本质就是设计出可靠的泡沫制备工艺及灭火泡沫灌注系统。煤炭自燃多发生在采空区内,而采空区是由垮落岩石和遗煤堆积形成的半封闭多孔裂隙空间。为考察泡沫在采空区内的流动特性及泡沫灭火效果,本章根据采空区孔隙特点,自主构建了可视化多孔介质采空区实验平台,研究了泡沫在多孔介质内的流动特性,分析了采空区内泡沫灭火性能,并通过构建全尺寸多孔介质采空区模型,对在采空区内不同孔隙空间流动时泡沫流动压力、堆积高度和扩散范围进行数值模拟研究。

4.1 采空区内泡沫流动机制及防灭火原理

4.1.1 多孔介质内泡沫流动

多孔介质内泡沫流动的本质是液膜运移,并在流动过程中破裂与再生[155]。泡沫流动受多孔介质孔隙尺寸影响,当泡沫流经狭窄孔道时,受孔道内壁挤压,大气泡破裂为小气泡,但在压力梯度作用下,小气泡流向低压区,小气泡膨胀,再次变为大气泡[156-157]。泡沫在多孔介质内流动时,气液扩散速度不同,气相随液膜在孔隙喉道处变形破裂,并在喉道后再形成,以不连续形式流动,液相则在液膜和小孔隙中连续流动[158-159],最终气泡的破裂和再生在孔隙内达到动态平衡,以泡沫的形式在多孔介质中整体向前推进。由于多孔介质孔隙尺寸小、数量多,泡沫在多孔介质中呈现网状骨架,因而多孔介质中的泡沫比空气中的泡沫更稳定。多孔介质内泡沫产生机制可总结为三种:液膜滞后、颈缩分离、薄膜分断[160-163]。

(1)液膜滞后

当流动速度低时,气体进入多孔介质小孔道内,挤压孔隙内液体,形成大面积液膜,如图 4-1 所示,当液相中表面活性剂少时,液膜逐渐破裂,当液相中表面活性剂较多时,大量液膜形成,该过程称为液膜滞后。液膜滞后是低流速时多孔介质内气泡形成的主要形式。多孔介质内各孔隙高度连通,通过液膜滞后,可以生成大量液膜,产生较多沿不同喉道向前延伸的液膜,堵塞孔隙通道,产生贾敏效应,降低气相渗透率。由于气泡在孔隙中没有分离,因而形成的泡沫相对较弱,一旦液膜由于滞后或破裂而流出孔隙,新液膜将无法形成。

(2)颈缩分离

如图 4-2 所示,当气泡穿过孔喉到达通道时,体积膨胀变大,由于液体渗透压高于气体渗透压,气泡被堵在孔喉附近,当渗透压小于临界值时,气泡在孔喉处发生颈缩分离。颈缩分离通过增加气相非连续性和产生液膜影响气泡流动,与液膜滞后相似,孔喉内滞留的气泡

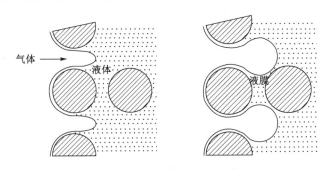

图 4-1　液膜滞后机制示意

会阻塞流动,但颈缩分离形成的气泡可以自由流动,当气体以气泡或不连续相通过孔隙时,流动阻力远大于以连续形式通过时的流动阻力,因而颈缩分离产生的是强泡沫。当流速较大时,颈缩分离起主导作用。

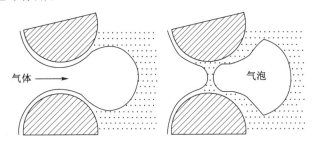

图 4-2　颈缩分离机制示意

（3）薄膜分断

多孔介质内孔隙通道相互交叉,当气泡流经交叉点时,气泡会沿着多分支通道分散为多个小气泡,出现薄膜分断,如图 4-3 所示,流速越慢,薄膜分断越易发生。与液膜滞后和颈缩分离不同,薄膜分断需要有运动薄膜（即泡沫先形成）,而后重新变形和二次再生。薄膜分断会改变原气泡的形状尺寸,是泡沫在多孔介质中再次发泡的现象,该过程是可逆的,当多个小气泡流经下一个节点时,小气泡可再次聚集为大气泡。

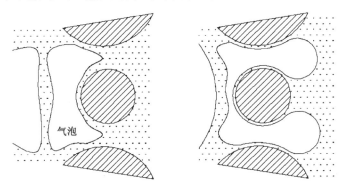

图 4-3　薄膜分断机制示意

4.1.2　采空区内泡沫灭火原理

泡沫对大空间采空区内煤炭自燃的防治,主要体现在四个方面:灭火冷却、惰化窒息、封堵裂隙和阻化防复燃[164-168]。通过这四大作用,泡沫灭火效果较传统的灭火技术有了明显提升。

（1）灭火冷却

泡沫是水的载体,通过向采空区大流量灌注泡沫,可将水源源不断带至燃烧煤体表面,而水的汽化潜热可达约 2 380 kJ/kg,汽化时将吸收大量火区热量,降低煤体和周围环境的温度,并可快速冷却已有升温趋势的煤体,有效阻止煤炭自燃;此外,由于空气传热系数低,泡沫还可以覆盖在燃烧煤体表面形成一个非导热泡沫层,阻止热量对可燃煤体的辐射,并能够反射热量,因而,当被包裹煤体周围存在高温热源时,高温热源产生的热辐射通过泡沫层作用至煤体上的辐射强度很小,从而使得被泡沫覆盖的煤体具有较强的抗烧能力;同时,泡沫具有较好的保水作用,从而使得水分能较好维持在液膜中而不致快速流失,可提高水分的利用率。

（2）惰化窒息

泡沫的惰化性能一方面体现在泡沫中水的蒸发,水蒸发时将产生其原体积 1 700 倍的蒸汽,大量的水蒸气在煤体周围积聚形成隔离空气的蒸汽罩,阻断煤体供氧条件,当火区内的水蒸气含量达到 32% 以上时,可导致火焰熄灭;另一方面,煤矿井下灌注泡沫时,通常使用惰性气体(如 N_2)作为风源,形成惰气泡沫,泡沫体破碎后,泡沫内惰气释放,从而可稀释火区内氧气浓度,火区内氧气含量的降低,将提高可燃气体爆炸下限,抑制可燃气体爆炸。受泡沫封堵裂隙的作用,在采空区裂隙内逐渐破碎的泡沫释放出的惰气能够长时间停留在火区,持续惰化灭火,这比单纯注惰气的惰化窒息效果要显著得多。

（3）封堵裂隙

泡沫在多孔介质内流动时,经湿润、失水、破裂和重生等过程不断向前推进,以至充满整个裂隙空间,如图 4-4 所示。泡沫具有较好的堆积性,能对较大空间裂隙进行填充,特别是对其他防灭火材料不能到达的高位松散火区有较好的封堵效果。大量泡沫以密集的状态充满采空区,能有效封堵向火区的漏风,阻止空气流入,将可燃物与氧气隔离开,终止燃烧。当泡沫进入多孔介质后,在多孔介质内形成气液段塞,泡沫液膜运移速度降低,气液分离变慢,液膜不易破坏,泡沫衰变时间延长,同时泡沫在运移时不断破灭和再生,封堵时间增加,而且

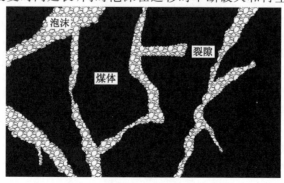

图 4-4　泡沫封堵裂隙效果示意

泡沫的有效封堵还能减少煤体中瓦斯的涌出。

（4）阻化防复燃

煤炭自燃是自由基的链式反应，为防治煤炭自燃，需要抑制自由基的产生，切断自由基和官能团的链式反应。具有阻化作用的发泡剂溶液，能有效抑制官能团和自由基的产生，并可终止链式反应。本研究使用的发泡剂是中国矿业大学通风防灭火研究所自主研发的一种具有高效阻化性能的发泡剂，其阻化作用主要体现在两点：一是阻化剂液膜覆盖煤体表面，并侵入煤体裂隙中，使煤体表面封闭，隔断煤体表面活性基团与氧气的直接接触，破坏活性基团与氧气的化学吸附反应过程；二是阻化剂吸收大量水分并在煤体表面蒸发降温，中断或减缓自由基链式反应的连续进行。泡沫的防复燃性能还体现在其良好的扩散渗透性上，泡沫液的表面张力是水的36%～57%，因而泡沫的扩散和渗透性明显比水高，这使得泡沫可以更快渗入煤体深处，降低煤体燃烧性，有效防止复燃。此外，泡沫的抗烧能力较强，含气率为83.3%～96.2%的泡沫，抗烧时间是同质量水的9～18倍，且抗烧时间随发泡倍数的增大而增大，尤其是中高倍数泡沫的抗烧优点更为突出。

4.2　可视化采空区泡沫灌注系统构建

4.2.1　灭火泡沫制备工艺

根据煤矿现场供水及供气条件，设计出了灭火泡沫制备工艺系统，如图4-5所示。制备流程为：压力水由高压水管流入射流装置，利用高速水射流产生的稳定汽化压力，进行汽蚀吸液；发泡剂被自动定量地吸入射流装置，在射流装置出口形成带有一定压力的均匀泡沫液，并流入螺旋射流式泡沫发生器，形成低压；将气体压缩机供给的气体顺利引入泡沫发生器，气液在泡沫发生器内发生质量、动量及能量的转换，在气液射流低阻混合、螺旋喷头低阻分层雾化、双层复合凹面网高效吸附及气流鼓泡耦合机制作用下，最终形成了大流量高倍数灭火泡沫；经泡沫输送管，泡沫被输送至采空区附近，大流量泡沫经钻孔或预埋管路被灌注至采空区内，泡沫充填覆盖大空间火区，进行快速灭火降温。该灭火泡沫制备工艺系统利用煤矿现场已有的压力水为动力添加发泡剂，无须配备任何电气增压设备（如电动泵），消除了电气失爆危险性，具有非常强的本质安全性。为增强泡沫灭火的效果，现场灭火时通常使用注氮机代替气体压缩机提供气体。

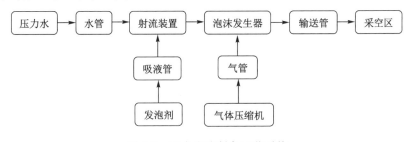

图4-5　灭火泡沫制备工艺系统

大流量泡沫制备的核心装备是射流装置和泡沫发生器。图4-6为射流装置实物；图4-7

为螺旋射流式泡沫发生器实物,所用发泡剂由徐州安云矿业科技有限公司提供。图 4-8 为采用该系统在实验室制备出的大流量高性能灭火泡沫,泡沫量可达 400 m³/h,发泡倍数为80~100 倍。

图 4-6　射流装置　　　　　　　　　　图 4-7　螺旋射流式泡沫发生器

图 4-8　高性能灭火泡沫

4.2.2　可视化多孔介质空间构建

（1）孔隙率及火源位置确定

煤矿井下采空区是由遗煤和垮落岩石构成的多孔介质空间,其孔隙率和渗透率受上覆煤(岩)层应力、垮落程度以及开采条件影响。采空区为一半封闭的立体化空间,在走向及垂直方向上孔隙率变化均较大。梁运涛等[169]认为距煤壁 10 m 以内,采空区孔隙率为 40% 左右,在采空区深部边界处,孔隙率接近 10%。张春等[170]根据现场观测与理论分析,得出采空区孔隙率为 20%~45% 的结论。L.M.Yuan 等[171]认为采空区孔隙率范围为 17%~41%。而根据采空区内"横三带"的分布特征,氧化自燃带处于采空区中部,且宽度较大,现场灌注泡沫时,通常利用埋管或打钻将大流量泡沫灌注至采空区内的氧化自燃带。基于上述理论及现场灭火实际情况,笔者在实验室搭建了可视化多孔介质采空区实验平台,并将采空区孔隙率设定为 30% 左右,重点研究泡沫在氧化自燃带的流动特性,如图 4-9 所示。

图 4-9 搭建的可视化多孔介质采空区实验平台

采空区尺寸为 4.0 m(长)×1.4 m(宽)×1.85 m(高),将有机玻璃板设置在尺寸为 4.0 m×1.85 m 的侧面,用于观察泡沫流动及灭火过程;针对采空区火源,尤其是处于采空区中上部的高位火源,采用常规灭火技术手段难以奏效,为体现泡沫灭火的技术特点,本章将重点讨论泡沫对采空区高位火源的治理效果。实验时,泡沫通过两根预埋管从采空区下部灌注,火源点设在采空区上部,火源基材料为煤炭,并由木材引燃。由于实验过程中需要对火源引火,并观察泡沫灭火过程,因而采空区顶部不做封闭处理。

(2)泡沫灌注管路及测点布置

根据 4.2.1 小节确定的泡沫制备工艺,构建了可视化采空区泡沫灌注实验系统,如图 4-10 所示,系统由水源、气源、发泡剂、射流装置、泡沫发生器、泡沫输送管及采空区组成。泡沫发生器产生的泡沫通过两根并联泡沫输送管灌注,泡沫输送管直径为 108 mm,每根泡沫输送管长 30 m,泡沫输送管预埋至采空区内 2 m(中心靠玻璃侧),管路中心距离底部 0.2 m。

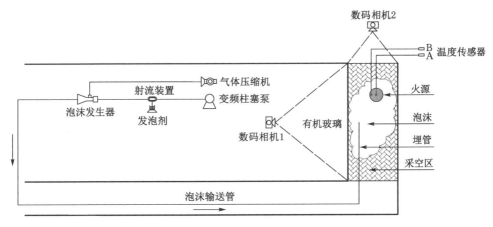

图 4-10 可视化采空区泡沫灌注实验系统

图 4-11 为实验过程中使用的两根并联泡沫输送管,采用透明钢丝管。图 4-12 展示了泡沫输送管预埋至采空区底部侧面的位置。

图 4-11　泡沫输送管

图 4-12　泡沫灌注口位置

实验时,采用两台数码相机实时拍摄采空区内泡沫流动过程。数码相机 1 布置在有机玻璃侧正前端 3 m 处,用于拍摄泡沫堆积情况;数码相机 2 布置在侧面上方,用于拍摄泡沫与火源作用过程。在火源处设置两个温度传感器,用于测试泡沫灭火过程中的温度实时变化情况,温度传感器 A 布置在火源中心位置,温度传感器 B 布置在火源边界处。

4.3　采空区内泡沫流动及高位灭火特性

4.3.1　泡沫扩散堆积

图 4-13 是不同时刻泡沫在采空区内的流动情况,由预埋管流出后,泡沫首先在出口附近迅速向周围堆积,并在玻璃侧呈梯形向外扩散。

通过测量不同时刻泡沫到达玻璃侧面的位置,得到了三个方向(x,y,z 方向)上泡沫扩散距离的实时变化情况,如图 4-14 所示,其中,z 方向为 xOy 平面内与 x 方向呈 45°的方向,如图 4-13(a)所示。由图 4-14 可以看出,泡沫在初始阶段扩散得很快,沿 x 方向,在开始灌注的 10 s 内泡沫就迅速扩散了 1.0 m,在随后的 14～34 s 泡沫流动速度明显降低,而在此阶段,泡沫沿 z 方向仍保持了较快的扩散速度;当灌注时间 $t>34$ s 时,三个方向上的扩散距离 L 与灌注时间 t 保持了近似线性关系,也即泡沫流动速度趋于稳定。通过对 34～54 s 内三个方向的扩散距离 L 与灌注时间 t 的关系进行线性拟合,得出了最佳拟合曲线,如图 4-14 所示,三个方向线性斜率为 0.008 4～0.008 7 m/s,此范围可视为泡沫在采空区内的最终扩散速度,该速度大于课题组之前研究得出的三相泡沫在采空区内的扩散速度[172]。

引起上述现象的主要原因有四个[173-174]:① 采空区上覆岩层断裂垮落时,垮落煤岩体多呈水平状,限制了泡沫向上部的扩散,因而,泡沫在水平方向上扩散最快;② 泡沫具有一定自重,这使得泡沫向上扩散稍慢,但由于泡沫发泡倍数高,泡沫自重现象并不十分明显;③ 随着泡沫在水平方向上扩散距离的增大,泡沫沿水平方向的流动阻力急剧增大,泡沫流动开始转向低阻的 z 方向,因而,z 方向泡沫扩散速度增大;④ 随着扩散距离进一步增大,前端泡沫排液开始增多,泡沫失水破裂开始变得严重,受到流动阻力、泡沫自身重力和泡沫破裂等多重因素的制约,最终泡沫在采空区内的流动速度趋于稳定。

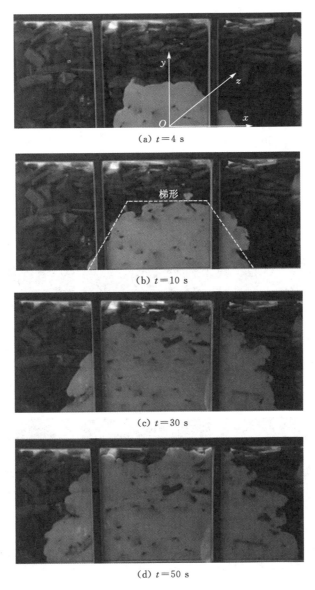

(a) $t=4$ s

(b) $t=10$ s

(c) $t=30$ s

(d) $t=50$ s

图 4-13　不同时刻泡沫在采空区内的流动情况

采空区内大量小裂隙是泡沫扩散的唯一通道,气泡在小裂隙内的流动展现出一些特有性质。由于泡沫灌注量非常大,泡沫流动速度高,气泡通过裂隙非常快,为捕捉泡沫在小裂隙内的流动过程,采用高速数码相机拍摄,整个拍摄时间为 60 s,最终确定了 43.0～44.0 s之间泡沫的流动过程,如图 4-15 所示。

气泡在裂隙内的流动过程可简述为:首先,小气泡出现在裂隙通道进口,在上游泡沫压力作用下,气泡沿着裂隙通道向前迅速移动,推动前方泡沫向上堆积,含气率较大的气泡通过裂隙通道时,气泡体积膨胀变大,裂隙内的泡沫被排开,小裂隙通道被冲刷的痕迹清晰可见,如图 4-15(b)和图 4-15(c)所示;紧接着,后续大量新生气泡形成并快速填充该裂隙空间,由于裂隙通道多为狭窄状的,气泡通过时,在膨胀变大的同时,形体被拉伸,发生变形,最

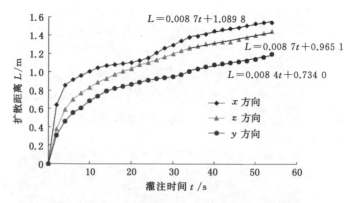

图 4-14　采空区内泡沫扩散距离 L 与灌注时间 t 的关系曲线

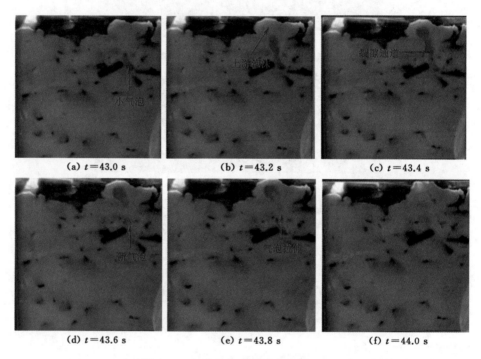

图 4-15　气泡在小裂隙内的流动过程

终铺展在裂隙内边缘,直至填满所有裂隙空间。由于气泡直径远大于裂隙直径,气泡流动阻力随气泡体积变大呈线性增加[175-177],因而,越向前流动,气泡流动阻力越大,气泡流经裂隙通道的时间非常短,大约仅 0.4 s。

4.3.2　泡沫稳定时间

泡沫半衰期是指泡沫流体静置时,体积衰减至原体积一半(或析出的所持液量达基液体积一半)所需的时间[178-179],它是评价泡沫灭火性能的重要指标。泡沫破裂消亡得越快,泡沫半衰期越短,泡沫在采空区内存留的时间也越短,大流量泡沫的灭火效能将得不到有效发挥,这对于灭火是非常不利的。

从采空区上部取泡沫样,测试泡沫半衰期。测试方法是将泡沫置于体积为 50 L 的计量容器内,测试温度为 25 ℃,压力为 101 kPa,每隔 10 min 记录一次泡沫体积。由于高倍数泡沫易破碎,测试共进行了 4 次,图 4-16 为取平均值得出的泡沫体积衰减情况。由图 4-16 可以看出,在初始阶段,泡沫破裂迅速,泡沫体积衰减得很快,随后衰减速度逐渐变慢;泡沫半衰期受发泡倍数影响显著,发泡倍数越高,泡沫衰减越快,发泡倍数 n 由 70 倍增大到 90 倍,泡沫半衰期由 105 min 降为 45 min。考虑泡沫制备成本,在现场进行大流量泡沫灌注时,建议间断性地向采空区内灌注泡沫,灌注时间间隔应小于泡沫半衰期,以保证泡沫在采空区内始终保持较好的膨胀堆积性。

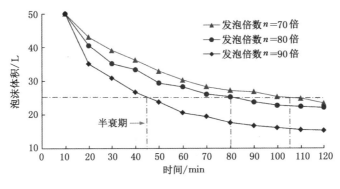

图 4-16　泡沫体积衰减情况

4.3.3　泡沫封堵压力

如 4.1 节所述,泡沫对多孔介质内裂隙的封堵性能是泡沫用于采空区高效灭火的一个重要指标。为测试泡沫对多孔介质内裂隙的封堵性能,笔者设计了一套小型实验装置系统,如图 4-17 所示,装置由直径为 300 mm,高为 700 mm 的圆形有机玻璃制成;在距装置底部 100 mm 处安装一个多孔板,用以隔开上部石子与下部空间;石子采用鹅卵石,用排水法测定出装置内石子孔隙率为 32%;泡沫灌注管路预埋入装置内;小型真空泵(FY-1H-N 型)通过橡胶管连接到装置底部;负压表(量程为 -25~0 kPa)安装在下部玻璃边缘上。通过真空泵对多孔介质空间抽气以形成真空,从而测试泡沫对上部空间的封堵性能。

待泡沫充满多孔介质空间后,开启真空泵,测量装置底部真空度(负压绝对值)随时间的变化关系,结果如图 4-18 所示。由图 4-18 可以看出,泡沫封堵产生的真空效应随时间变化可分为两个阶段:前期的相对稳定段和后期的快速衰减段,在最初的 10 min 内,真空度维持在 6 kPa 附近小幅波动,而后逐渐减小,真空度的大小反映出泡沫对裂隙封堵能力的变化状况。

引起上述变化的原因是,泡沫是一个由大量不规则气泡组成的气泡团[180],当泡沫灌注至装置后,泡沫在多孔板上部的多孔介质空间内堆积,形成相互交错的网状液膜层[181-182],从而堵塞裂隙小孔,隔绝外部空气;由于泡沫具有一定的弹性和抗拉伸能力,即使存在一定的内外压差,泡沫也能保持其形态不致被吸穿破裂,因而,被泡沫封堵的下部空间始终能够保持一定的负压状态,该阶段称为泡沫的稳定段。在泡沫的稳定段,液膜排水能力较弱,气

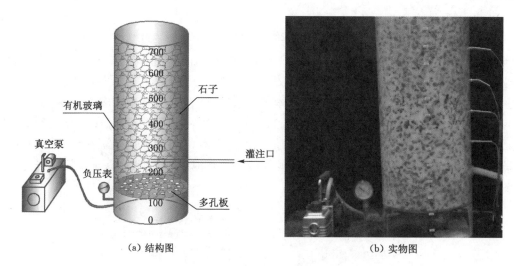

（a）结构图　　　　　　　　　　（b）实物图

图 4-17　泡沫对多孔介质内裂隙封堵实验装置

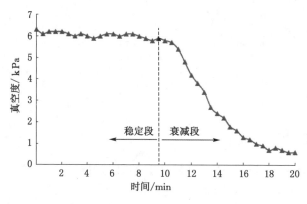

图 4-18　泡沫封堵压力变化情况

泡层的强度足以维持负压，因而，在最初的 9～10 min 内，真空度保持在 6 kPa 左右。但随着时间延长，气泡液膜因重力作用而逐渐析液，液膜变薄，气泡之间很容易聚并破裂，从而导致气体逸出，气泡弹性和强度随液膜变薄而逐渐降低[183-184]，直到泡沫进入衰减阶段；在此期间，液膜达到临界厚度而不足以承受内外压差，泡沫形变加剧，并在局部区域产生滑移，液膜破裂速率加快，从而导致越来越多的泡沫及空气通过多孔板上的小孔进入负压区，直至整个多孔介质内的泡沫层被吸穿，封堵失效。相对凝胶泡沫和无机固化泡沫（封堵压力为19.6 kPa）[185]，两相泡沫的封堵性能略低，但由于两相泡沫的灌注量要远大于凝胶泡沫和无机固化泡沫的灌注量，因而，它对大空间采空区的封堵效应是相当可观的。在现场向采空区连续灌注泡沫时，泡沫能不断向上堆积，建立起一道隔离障碍，防止采空区有毒有害气体（CH_4、CO 等）的扩散，同时，可以阻止风流漏向采空区内部，有效抑制煤体自燃。

4.3.4　泡沫灭火降温

通过在采空区上部设置燃烧煤体并布置温度传感器，测试泡沫的灭火降温性能。

图 4-19展示了玻璃侧面泡沫灌注灭火的全过程,由于灌注时间较短,可近似认为在泡沫尚未到达煤体之前火源温度无变化。在作用到煤体之前,泡沫扩散流动与图 4-13 描述的基本类似,泡沫大致在 22 s 开始与燃烧煤体最底部接触,泡沫作用到火源上之后,燃烧的煤体逐渐被包裹,火焰逐渐缩小直至最终消失。

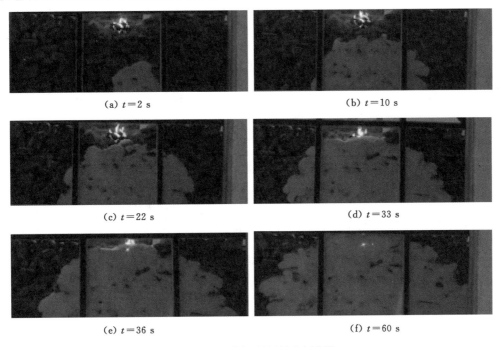

(a) $t=2$ s

(b) $t=10$ s

(c) $t=22$ s

(d) $t=33$ s

(e) $t=36$ s

(f) $t=60$ s

图 4-19　采空区泡沫灭火过程

随着泡沫灌注量的增多,采空区空间逐渐被泡沫充满,随后泡沫开始从采空区顶部流出。图 4-20 为采空区顶部泡沫灭火效果,在大流量泡沫流出的初期,火势大,火源温度高,泡沫扩散到火源处后迅速在火源周围堆积,虽然靠近火源处的泡沫受高温影响而破裂,但由于泡沫量大,最终高温火源逐渐被不断堆积起来的泡沫覆盖包裹,$t=58$ s 时明火火焰熄灭。从泡沫作用到高温火源至火焰熄灭,整个过程仅持续了 20 s。

(a) $t=38$ s

(b) $t=44$ s

(c) $t=52$ s

(d) $t=58$ s

图 4-20　采空区顶部泡沫灭火效果

　　图 4-21 是泡沫灭火过程中燃烧煤体火源温度的实时变化情况。在泡沫扩散到燃烧煤体之前，火源中心（A 点）和火源边界（B 点）温度均较高，且基本维持不变；随着泡沫作用到火源上，火源温度开始降低，相对火源中心，泡沫先扩散至火源边界，因而火源边界温度先降低，B 点温度由 243.5 ℃ 降低至 26.8 ℃，A 点温度由 632.6 ℃ 降低至 38.5 ℃。从泡沫作用到火源至其最终熄灭，整个过程火源温度降低得非常快。由泡沫显著的降温效果可以推断出，泡沫对采空区上部火源具有优越的灭火性能。

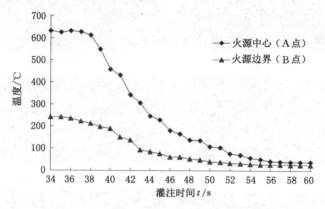

图 4-21　火源中心与边界温度的实时变化情况

4.3.5　泡沫阻化性能

　　本书研究使用的发泡剂中含有阻化剂，因而，泡沫对覆盖包裹的煤体具有阻化作用。采用中国矿业大学自主研制的煤自燃程序升温实验系统测试了泡沫对煤体的阻化特性，在程序升温过程中，随着炉温升高，煤样温度不断升高，在某一时刻，煤样温度与炉温相等，此时的温度称为交叉点温度。交叉点温度是衡量煤氧化升温速率的重要指标，可反映煤的内在氧化特性。升温阶段产生的 CO 量表征煤氧化自燃的程度。

　　选取东露天矿 $4^{\#}$ 煤层作为测试对象，煤种为长焰煤，筛选出粒径为 40～80 目的煤颗粒 1 000 g，分别制成原煤样、加入泥浆（水土比 1∶6）煤样和加入 0.5% 发泡剂煤样，自然晾干，并在真空干燥箱内于 40 ℃ 下烘干 24 h，放入保干器中保存备用。随后称取 50 g 处理后的煤样，装入煤样罐内进行测试，通入干空气（流量为 80 mL/min），程序升温（升温速率为 1 ℃/min）至 200 ℃，得到了不同煤样的交叉点温度，如图 4-22 所示。

　　由图 4-22 可以看出，煤样经泥浆和发泡剂处理后，交叉点温度均大于原煤样的，分别提高了 19.6 ℃ 和 40.1 ℃，而且发泡剂的阻化性能比泥浆的阻化性能强得多。相同温度条件下，经发泡剂处理的煤样，其 CO 产生量（由浓度表征）明显低于原煤样和经泥浆处理煤样的，如图 4-23 所示。100 ℃ 时，原煤样产生的 CO 浓度为 2.2×10^{-4}，泥浆处理煤样产生的 CO 浓度为 1.5×10^{-4}，发泡剂处理煤样产生的 CO 浓度为 1.2×10^{-4}，可以看出，泥浆和发泡剂的阻化性能在低温阶段相差不大；但当温度超过 170 ℃ 后，发泡剂的阻化特性表现得非常显著，190 ℃ 时，原煤样产生的 CO 浓度为 8.37×10^{-3}，泥浆处理煤样产生的 CO 浓度为 7.64×10^{-3}，而发泡剂处理煤样产生的 CO 浓度仅为 5.41×10^{-3}，由此可得出泥浆阻化率为 8.7%，而泡沫阻化率高达 35.4%。基于交叉点温度和 CO 产生量可以得出，泡沫较泥浆能更

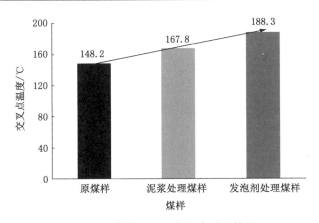

图 4-22　煤样的交叉点温度对比情况

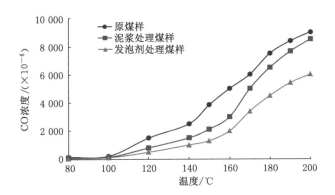

图 4-23　煤样产生的 CO 浓度对比情况

有效地阻化煤体自燃,其阻化防复燃能力更突出。

4.4　采空区内泡沫渗流特性数值模拟

泡沫在采空区内的流动较为复杂,其流动过程压力、密度、堆积高度、扩散范围等受采空区孔隙率影响显著。而采空区内孔隙率变化较大(10%~40%),局限于实验室条件,难以开展泡沫在不同孔隙率空间的全尺寸实验研究,为此借助数值模拟软件 ANSYS FLUENT 对采空区内泡沫的流动扩散过程进行研究分析。

4.4.1　数学模型

数值计算中把采空区视为由煤岩体构成的多孔介质区域,多孔介质由固体物质组成的骨架和由骨架分隔成的孔隙构成。为了兼顾数学模型的可求性与实用性,模拟过程中做如下几个方面的假设:

① 由于采空区空间大,泡沫流动速度低,雷诺数低于 2 000,将泡沫在采空区内的流动视为均相层流;

② 泡沫为两相流,在采空区内的流动满足达西渗流定律;

③ 将整个采空区简化为三个不同的孔隙率区域，各部分的孔隙率均为定值，且不随灌注时间发生变化；

④ 将泡沫在采空区内的渗流扩散视为对采空区内气体的驱替过程；

⑤ 由于采空区垂直高度较大，泡沫堆积时需要考虑重力。

基于以上假设，应用多相流理论建立泡沫在采空区内的三维瞬态渗流数学模型，而后借助 ANSYS FLUENT 软件中的 VOF 多相流和层流模型，对泡沫在多孔介质采空区内的渗流扩散过程进行数值模拟，模拟是基于以下方程建立的。

（1）连续性方程

通过微元六面体分析法得出泡沫和气体在采空区渗流的连续性方程：

$$\frac{\partial v_{fx}}{\partial x} + \frac{\partial v_{fy}}{\partial y} + \frac{\partial v_{fz}}{\partial z} + \varphi \frac{\partial S_f}{\partial t} = 0 \qquad (4\text{-}1)$$

$$\frac{\partial v_{gx}}{\partial x} + \frac{\partial v_{gy}}{\partial y} + \frac{\partial v_{gz}}{\partial z} + \varphi \frac{\partial S_g}{\partial t} = 0 \qquad (4\text{-}2)$$

式中，S_f，S_g 分别为泡沫和气体在微元体中的体积分数；v_{fx}，v_{fy}，v_{fz} 分别为泡沫在 x，y，z 方向的分速度；v_{gx}，v_{gy}，v_{gz} 分别为气体在 x，y，z 方向的分速度；φ 为孔隙率；t 为时间。

（2）运动方程

因采空区属于高渗透性介质流场，不能忽略重力对高渗透性介质中渗流规律的影响。考虑重力及屈服应力，泡沫渗流规律符合修正的 H-B 流体达西定律[31]，如式(4-3)所示：

$$\begin{cases} v = \dfrac{k_f}{\mu_f}\left(\dfrac{\partial p_f}{\partial x} + \rho g \sin \xi - G_0\right) & \dfrac{\partial p_f}{\partial x} + \rho_f g \sin \xi \geqslant G_0 \\ v = 0 & \dfrac{\partial p_f}{\partial x} + \rho_f g \sin \xi \leqslant G_0 \end{cases} \qquad (4\text{-}3)$$

式中，v 为泡沫渗透速度，m/s；g 为重力加速度，m/s²；k_f 为泡沫有效渗透率，m²；μ_f 为泡沫表观黏度，Pa·s；ξ 为流场与水平线之间的夹角；p_f 为泡沫相所受压力，Pa；G_0 为泡沫最小启动压力梯度，Pa/m。G_0 与屈服应力 τ_0 有如下关系：

$$G_0 = \frac{7}{3} \tau_0 \sqrt{\frac{\varphi}{2k}} \qquad (4\text{-}4)$$

式中，τ_0 为屈服应力，N/cm²；φ 为孔隙率；k 为采空区渗透率，m²。

渗流过程中泡沫等 H-B 类流体的表观黏度可近似表示为：

$$\mu_f = \delta(v_x + v_y + v_z)^{(n'-1)/2} \qquad (4\text{-}5)$$

式中，δ 为假塑性液体的系数，可表示为：

$$\delta = \frac{2C}{8^{(n'+1)/2} \, (k\varphi)^{(n'-1)/2} \left(\dfrac{n'}{1+3n'}\right)^{n'}} \qquad (4\text{-}6)$$

式中，n' 为泡沫本构方程中的流性指数；C 为泡沫本构方程中的稠度系数。

$$v = -\frac{k_f}{\delta(v_x^2 + v_y^2 + v_z^2)^{(n-1)/2}}\left(\frac{\partial p_f}{\partial x} + \rho g \sin \xi\right) \qquad (4\text{-}7)$$

式(4-7)即泡沫渗流的运动方程，将运动方程代入泡沫渗流的连续性方程，可得到泡沫渗流的偏微分方程。

（3）泡沫基本物性参数

利用旋转黏度计测试了不同剪切速率下发泡倍数为 100 倍,发泡剂添加比例为 0.5% 的泡沫的表观黏度,求得泡沫的本构方程:

$$\tau = 1.52 + 0.278\gamma^{0.74} \tag{4-8}$$

式中,τ 为泡沫剪应力;γ 为泡沫剪切速率。

因此,泡沫的表观黏度表达式为:

$$\mu_f = \frac{1.52}{\gamma} + 0.278\gamma^{0.26} \tag{4-9}$$

泡沫是水和发泡剂混合液与压风通过泡沫发生器形成的,理想泡沫含气率设定为大于 99%,也即发泡倍数大于 100 倍。

(4)采空区渗透率分布规律

根据采场覆岩结构运动规律及相关矿压理论,按照垮落带内煤岩堆积状态,将采空区沿水平方向划分为三个区域("横三带"):靠近工作面的散热带、氧化自燃带和深部的窒息带,其孔隙率分别设定为 40%、25% 和 10%。本研究将采空区孔隙率视为分区均匀分布的,在确定采空区三个区域孔隙率分布之后,根据 Carman-Kozeny 方程,采空区渗透率可由式(4-10)得出。根据 G.Estethuizen 等[186]的研究结果,采空区基准渗透率 k_0 一般取 10^{-9} m²。

$$k = \frac{k_0}{0.241} \cdot \frac{\varphi^3}{(1-\varphi)^2} \tag{4-10}$$

根据渗透率以及泡沫的物理特性,即可得出泡沫在采空区流动过程中不同区域的黏性阻力系数。

4.4.2　几何模型

根据井工矿采空区实际空间大小,设计模拟计算的几何模型尺寸:采空区走向长度为 100 m,倾向长度为 200 m,高度为 15 m;工作面长度为 200 m,开切眼宽度为 8 m,高度为 3 m;巷道宽度为 3.5 m,高度为 3 m。采空区"横三带"走向长度分别为:散热带 20 m,氧化自燃带 40 m,窒息带 40 m。由于采空区进回风巷边帮均为实体煤,故将两个边帮及开切眼视为壁面边界条件[46]。泡沫的灌注方式为在上巷沿采空区底板预埋管灌注,灌注管路直径为 0.108 m,灌注流量为 600 m³/h,计算流速为 18 m/s。预埋管出口位置位于采空区深部 40 m 处,距离模型底部 0.5 m。

网格是 ANSYS FLUENT 软件数值模拟与分析的载体,网格质量严重影响计算的精度和效率。本模型中,采空区尺寸为 100 m×200 m×15 m,而灌注泡沫管路直径仅为 0.108 m,与采空区尺寸相差较大,这容易造成网格划分质量差,从而影响模拟运算速度和最终结果。因此,本书在构建几何模型时,通过把采空区预埋管改为在采空区深部 40 m 处挖出一个直径为 0.108 m 的圆柱体的方式,将新形成的圆形壁面作为灌注入口,这样既符合现场实际情况,又有利于提高模拟的准确度和精度。利用 GAMBIT 建立的采空区几何模型如图 4-24 所示,网格总数为 40 819 个,模型中 x 方向为工作面倾向,y 方向为采空区走向,z 方向为工作面高度方向。

多孔介质边界条件设定为速度进口 Velocity Inlet,速度为 18 m/s,工作面出口设为自由出流 Outflow,散热带-氧化自燃带、氧化自燃带-窒息带的交界面设为内部边界 Interior,其他边界均设为壁面 Wall。

图 4-24　采空区几何模型

4.4.3　模拟结果分析

（1）泡沫堆积扩散

根据上述模型及参数,利用 ANSYS FLUENT 软件对泡沫在采空区内的扩散状态进行了数值模拟,模拟中泡沫的扩散堆积状态均以泡沫含气率为 99％的等值曲面为标准,将含气率高于 99％的区域视为泡沫覆盖区,将含气率低于 99％的区域视为气水分离区或弱泡沫区。不同时刻泡沫在采空区内的扩散堆积状态模拟结果如图 4-25 所示,颜色越深,表明含气率越高,图中没有气水分离区和弱泡沫区。

根据模拟结果可以看出,在泡沫灌注初期,泡沫在采空区的扩散完全处于氧化自燃带,其快速向前方扩散和向上部堆积,形成前部较尖的立体形态;随着灌注时间的增加,灌注约 8 h 时,4 800 m³的泡沫已经充入氧化自燃带,泡沫向前方的流动阻力增大,开始逐渐流入散热带和窒息带,此时,由于泡沫扩散区域的孔隙率和渗透率发生变化,同时泡沫向前方扩散阻力增大,泡沫呈现出沿倾向方向堆积高度逐渐降低,两侧扩散宽度趋于相等的立体状态;灌注 80 h 时,泡沫基本实现了对整个氧化自燃带和散热带的全部覆盖,采空区共计注入 48 000 m³泡沫;在泡沫扩散过程中,泡沫外边缘面上出现了明显的阶梯层状结构(图中波浪状线条),其主要原因是随灌注时间增加,底层泡沫承受上部泡沫重力增大,当重力大于泡沫的形变极限时,泡沫层就会整体滑移。

（2）泡沫扩散压力

① x 方向压力分布

图 4-26 是在采空区内扩散时,泡沫在底板面上的流动压力分布云图。随着泡沫灌注时间的增加,泡沫在氧化自燃带内的扩散区域逐渐增大,泡沫流经区域压力相应上升,最高压力点位于灌注口附近。在灌注前期阶段($t<8$ h),泡沫压力分布呈半椭圆形向外对称发展,压力逐渐减小,压力云图最外侧可近似视为泡沫运动的最前沿,由于泡沫出口朝向 x 方向,因而泡沫在 x 方向扩散较快;当泡沫扩散至邻近散热带和窒息带后,孔隙率发生变化,压力分布变得不再对称,散热带孔隙率大于窒息带的,因而压降范围较大,泡沫向散热带扩散容易。

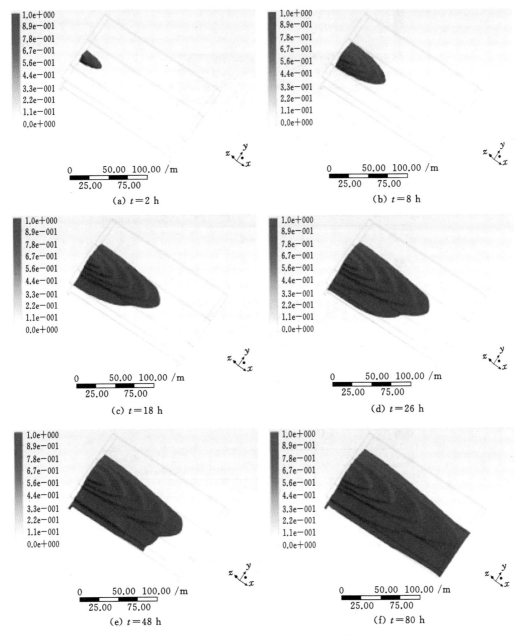

图 4-25　不同灌注时间采空区内泡沫的三维扩散堆积状态

　　图 4-27 是在灌注口方位($y=40$ m,$z=1$ m),不同时刻泡沫沿 x 方向(工作面倾向)的压力分布情况。由图 4-27 可见,沿 x 方向泡沫压力逐渐衰减。图中压力为零的区域表示泡沫尚未到达该处,随着灌注时间增加,压力零点不断向前推进。灌注时间 $t=8$ h 时,泡沫扩散至 $x=73$ m 处;$t=20$ h 时,泡沫扩散至 $x=118$ m 处;$t=70$ h 时,泡沫扩散至 $x=160$ m 处;$t=80$ h 时,整个 x 方向压力均高于外界大气压力,这表明泡沫已基本充满了采空区氧化自燃带,该正压将推动大流量泡沫向邻近散热带和窒息带蔓延;$t=120$ h 时,氧化自燃带的泡沫最低压力已达 13 kPa。

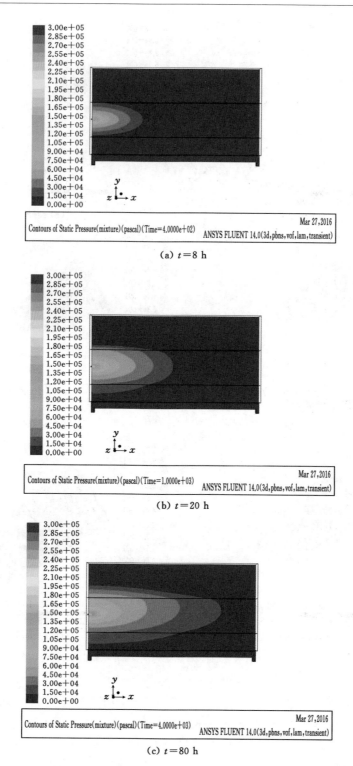

（a）$t=8$ h

（b）$t=20$ h

（c）$t=80$ h

图 4-26　泡沫在底板面上的流动压力分布云图

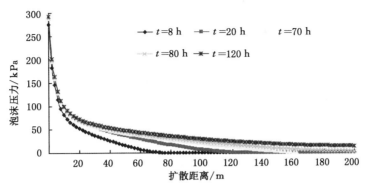

图 4-27　泡沫压力沿 x 方向的变化情况

泡沫灌注压力随注入采空区时间的变化关系如图 4-28 所示。泡沫灌注时间达 20 h 时,灌注压力由 264 kPa 迅速增至 289 kPa;灌注时间由 20 h 增大至 52 h 时,灌注压力下降至 266 kPa,这主要是由于大量泡沫开始向靠近工作面的大孔隙散热带扩散,并在工作面泄压;之后泡沫开始向采空区深部窒息带扩散,因而灌注压力在灌注时间达 52 h 后继续上升,最终在灌注时间达 80 h 后灌注压力稳定在 290 kPa 左右,采空区基本被充满,注入的泡沫由工作面流出,泡沫进出量平衡。

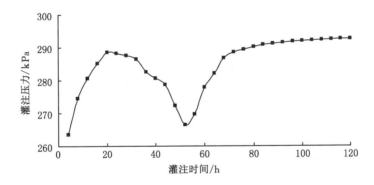

图 4-28　灌注压力与灌注时间的关系曲线

② y 方向压力分布

图 4-29 是不同灌注时刻泡沫在采空区内沿 y 方向的压力分布情况, y 方向总长 100 m, z 坐标为距离底板 1 m, $x=10$ m,30 m,50 m,100 m,150 m,200 m 分别对应于工作面倾向的切面坐标。

由图 4-29 可知,当灌注时间达 8 h 时,泡沫保持对称扩散,沿 y 方向泡沫压力以灌注口为对称轴向两侧呈抛物线状递减分布,轴线处最大压力为 88.3 kPa;当灌注时间 $t=20$ h 时,轴线处最大压力升至 102.6 kPa,泡沫向邻近散热带和窒息带扩散加快,由于散热带靠近工作面,其孔隙率大于窒息带孔隙率,因而,泡沫向散热带的扩散量要远大于向窒息带的扩散量。由图 4-29(b)可知,泡沫灌注 20 h 时,在 $x=10$ m 的位置,部分断面泡沫压力已经超过外界大气压力,因而可以确定泡沫已经开始从工作面或灌注隅角涌出。受制于窒息带的低孔隙率,泡沫在窒息带的扩散非常困难,灌注 20 h 时,泡沫仅向窒息带内部扩散了不足

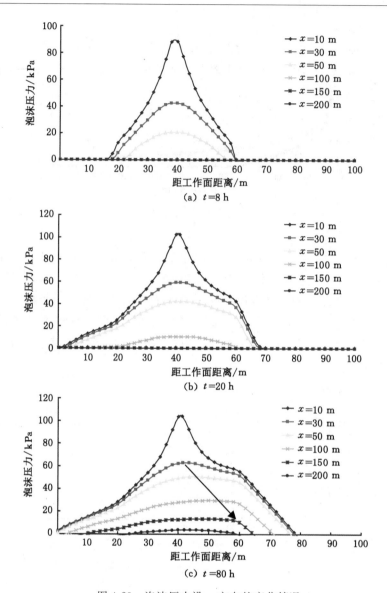

图 4-29 泡沫压力沿 y 方向的变化情况

10 m,受其影响,泡沫流动的最高压力点逐渐向采空区内部偏移,如图 4-29(c)所示。泡沫在 $x=50$ m 断面上的压力分布如图 4-30 所示,可以看出,在灌注 80 h 后,最高压力点明显偏离中轴线,倾向窒息带,靠近工作面的区域压力均较低。

③ z 方向压力分布

取灌注口所在的 $z=0.5$ m 切面,分析 $y=30$ m,40 m 和 50 m 处泡沫沿垂直方向的压力分布,结果如图 4-31 所示。由于泡沫灌注口位于距模型底部 0.5 m 高度处,因而在中轴线 $y=40$ m 上,最大泡沫压力点位于正出口处,最大压力为 281.1 kPa,沿垂直方向向上泡沫压力逐渐减小,在泡沫堆积的最上端泡沫压力约为零。由 y 坐标可以看出,靠工作面侧($y=30$ m)的泡沫压力要低于采空区内侧($y=50$ m)的泡沫压力,这也验证了前面论述的由于采空区内孔隙率不一致,距离工作面越近,孔隙率越大,泡沫流动越容易,流动压力越小。

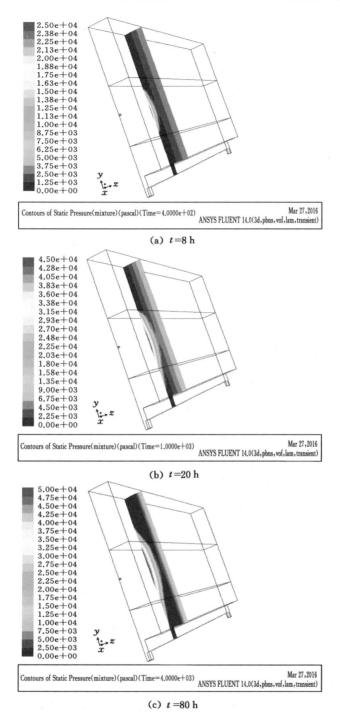

图 4-30　泡沫在 $x=50$ m 断面上压力分布云图

（3）泡沫扩散范围

由于泡沫在采空区内的扩散堆积呈现三维立体性,故将泡沫流动在三个方向上进行分解,为直观方便地表达泡沫向邻近散热带和窒息带的扩散特征,以 $y=40$ m 为分界线,将 y

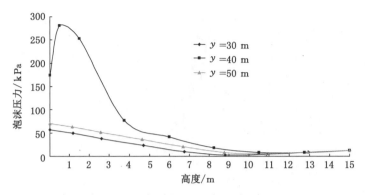

图 4-31　泡沫压力沿 z 方向的变化情况

坐标分为 y 正方向和 y 负方向,其中,y 正方向由灌注点指向采空区深部窒息带,y 负方向由灌注点指向采空区散热带。

泡沫的扩散范围依据气液组分(含气率高于 99%)划定。图 4-32 为不同时刻泡沫在采空区底面上的扩散范围,随灌注时间增加,泡沫扩散范围越来越大,其中,沿 x 方向的扩散速度明显大于向两侧的扩散速度。灌注 8 h 后,泡沫开始向邻近区域扩散渗透;灌注 20～24 h时,泡沫开始由工作面灌注隅角涌出,这与前面有关泡沫压力的分析结果相吻合;灌注 20～40 h 时,泡沫在散热带的扩散非常快,覆盖区域急剧增大,而在窒息带的扩散缓慢,覆盖区域非常有限;灌注 60 h 时,泡沫开始从工作面下隅角流出;灌注 80 h 时,整个采空区氧化自燃带和散热带均被泡沫覆盖,约 1/3 的窒息带也被泡沫所覆盖。

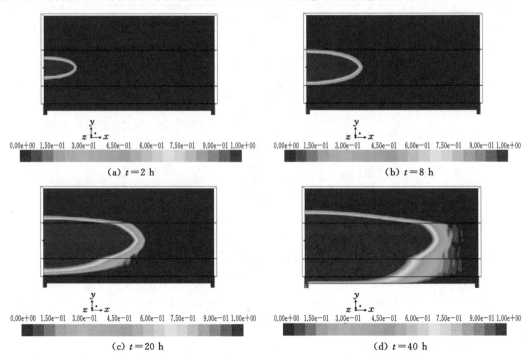

图 4-32　泡沫在采空区底面上的扩散云图

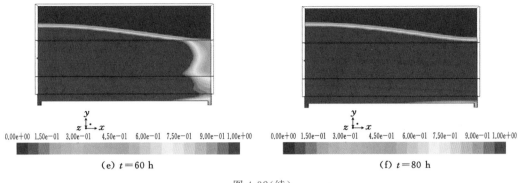

(e) $t=60$ h   (f) $t=80$ h

图 4-32(续)

通过读取泡沫扩散位置的坐标数据,得到了不同时刻泡沫沿 x 方向、y 正方向、y 负方向和 z 方向的扩散距离/堆集高度,结果如图 4-33 至图 4-36 所示。泡沫在灌注初期相当于自由扩散,沿 x 方向扩散很快,如图 4-33 所示,这点与实验室得到的泡沫在玻璃侧的扩散规律一致。灌注 20 h 时,泡沫扩散距离为 94.6 m,该值略小于压力前沿对应的扩散距离,原因是压力前沿只是近似表征泡沫体到达位置,而本部分计算的泡沫扩散距离则是以含气率高于 99% 对应等值线界定的泡沫区长度,因而扩散距离偏低;随后泡沫扩散堆积区域增大,灌注时间为 40~80 h 时,泡沫扩散距离与灌注时间呈现近似线性增长关系;最终扩散距离达最大值 200 m,泡沫充满整个采空区。

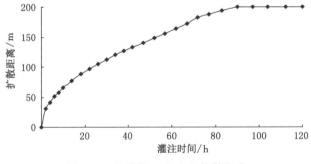

图 4-33 泡沫沿 x 方向的扩散距离

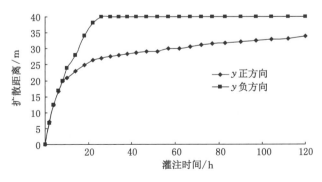

图 4-34 泡沫沿 y 方向的扩散距离

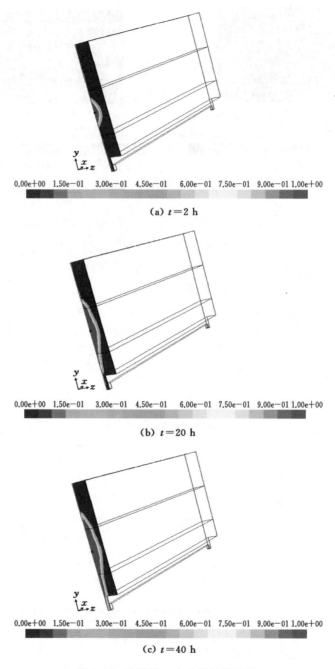

图 4-35　泡沫沿 z 方向的扩散云图

　　泡沫沿 y 方向的扩散距离如图 4-34 所示。当灌注时间小于 8 h 时,泡沫扩散以灌注点为轴呈对称分布,沿 y 正方向和 y 负方向扩散距离相同,且扩散速度均小于 x 方向的。当灌注时间超过 8 h 后,泡沫开始向两侧渗透,由于散热带孔隙率高,泡沫沿 y 负方向扩散较 y 正方向要快得多,在灌注时间为 24 h 时,泡沫沿 y 负方向扩散距离达 40 m,泡沫由工作面涌出;由于窒息带孔隙率低,泡沫很难完全充满,因而泡沫沿 y 正方向虽一直增加,但增幅

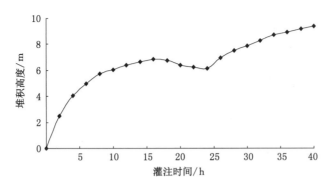

图 4-36　泡沫沿 z 方向的堆积高度

明显减慢,最终泡沫由灌注点向采空区内侧 y 正方向扩散了 33.8 m,也即向窒息带扩散了 11.8 m。

图 4-35 是不同时刻泡沫沿 z 方向的堆积情况。灌注 2 h 时,泡沫在侧面上呈半椭圆形分布,受重力影响,泡沫向上堆积高度小于向两侧的扩散距离;灌注 20～24 h 时,部分泡沫由工作面流出。

图 4-36 是泡沫堆积高度随灌注时间的变化情况。以泡沫从工作面流出($t = 20～24$ h)为界,可将泡沫沿 z 方向的堆积分为三个阶段:前期快速增长段、中间波动段及后期稳定增长段。在未进入散热带之前,泡沫堆积高度由零迅速增至 7.3 m;随后大量泡沫进入散热带,已堆积的高位泡沫向散热带滑移,泡沫沿 z 方向的堆积难以继续维持,泡沫堆积速度变慢,因而在灌注 20～24 h 时,泡沫堆积高度甚至出现了减小的情况,这点从图 4-35(b)和图 4-35(c)可以看出。由于泡沫灌注量大于从工作面的流出量,当泡沫由工作面流出后,沿 z 方向泡沫堆积高度趋于稳定增长。

5 泡沫高效治理大空间
煤炭自燃火区工业实践

采空区遗煤自燃是煤矿开采过程中最主要的火灾危害,其存在火源隐蔽、过火面积大、火区呈空间立体动态发展的治理难点,造成传统防灭火技术实施盲目性大,治理范围有限,灭火效果不佳。大流量泡沫以氮气为运输载体,将水和发泡剂(含阻化剂)不断地灌注到采空区内,利用水的冷却作用、氮气的窒息作用和发泡剂的阻化作用,对大空间采空区内的高温火区进行快速冷却消除。

在采空区煤炭自燃防治的研究、实践和总结过程中,特别是针对大空间隐蔽火源亟须解决的关键问题,本书首次提出发泡剂稳定添加与螺旋射流高效发泡新技术,通过前述研究发泡剂添加方法和发泡原理,设计出了发泡剂汽蚀吸液装置和新型螺旋射流式泡沫发生器,量化了泡沫在多孔介质采空区内的扩散堆积特性,确定了泡沫制备工艺及灭火泡沫灌注系统。目前,该技术已在中煤平朔集团有限公司东露天矿 4# 煤层 1245 平盘和淮北矿业(集团)有限责任公司邹庄矿 3103 综放面采空区进行了工业应用,均取得了良好的火灾治理效果。本章主要围绕这两种类型大空间煤炭自燃火区的泡沫灌注工艺、装备布置及灭火效果进行介绍。

5.1 露天矿煤田采空区火区的应用实践

5.1.1 东露天矿概况

平朔矿区东露天矿位于山西省朔州市宁武煤田北端,行政隶属朔州市平鲁区管辖,位于平鲁区 67°方位约 10 km 处,距朔州市 359°方位 28 km,矿区南北长 6.53～10.3 km,东西宽 4.42～5.47 km,矿区面积 48.73 km²,是中煤平朔集团有限公司下属国内最大的三大露天矿井(安家岭矿、东露天矿、安太堡矿)之一,煤炭储量 184 892 万 t,矿井 2011 年投产,设计年生产能力 2 000 万 t。矿区主采煤层为 4#、9#、11# 煤层,其中,4# 煤层全区赋存,为全区最厚煤层,以长焰煤为主,局部赋存少量气煤,煤厚 4.40～25.70 m,平均 14.03 m;9# 煤层以气煤为主,煤厚 6.02～22.38 m,平均 13.95 m;11# 煤层距 9# 煤层平均 6.19 m,11# 煤层大部分为气煤,东北部埋藏浅的地方分布有长焰煤,煤厚 0.51～10.10 m,平均 5.29 m。三层煤均属于容易自燃煤层,煤层瓦斯含量较少。

东露天矿可采煤层厚度大,煤层埋藏较浅,因此,矿区内生产矿井和小煤窑较多,仅 2004 年矿区内部生产矿井和小煤窑就有十几处。东露天矿首采区原有沟底新井煤矿、砖井煤矿、小西窑煤矿、榆岭煤矿、北岭煤矿等 5 座小煤矿。目前,东露天矿推进位置有沟底新井煤矿、砖井煤矿和小西窑煤矿3个煤矿采空区。矿区内4#煤层有10个小煤窑采空区,合计面积2.952 km²;9#煤层有4个采空区,分布在井田东北角,合计面积0.375 km²。2013年,东露天矿开采时发现井工矿空巷,随后陆续在多个平盘出现小煤窑空巷,开采进入小煤窑采空区范围内。

小煤窑开采管理不严格,开采过程中形成大量氧化区域,再加上开采结束后未及时封闭处理采空区及废弃巷道,造成煤层内漏风严重,为煤层自燃提供了供氧条件。随着东露天矿开采工作的不断进行,表土层不断被剥离,小煤窑采空区漏风不断增多,煤层进入快速氧化阶段[187],因此在开采区域内迅速出现大范围火区,影响东露天矿正常的爆破和生产,甚至导致生产停滞。图5-1是东露天矿下部采空区着火引起的浓烟场景,部分爆破钻孔中甚至有火苗喷出。2013年1月,东露天矿发生小煤窑火区塌陷事故,造成载质量500 t的大型930运输车掉入塌陷区内,导致两人死亡,直接经济损失1 000多万元;而且煤田自燃产生的大量CO、CO_2和SO_2等有毒有害气体排入空气中,造成植物和农作物含有有毒成分甚至死亡,对家畜和人造成直接和间接伤害,严重危害当地的生态环境和地下水资源,影响着东露天矿的社会效益、环境效益和经济效益。2013年10月,1260平盘下方采空区自燃,地表出现大面积氧化高温区。2014年6月,在4#煤层揭露废弃巷道后,短短2 d内在巷道口形成了明火,火灾形势非常严峻,采空区煤炭自燃产生的大面积塌陷已对该区域的作业设备及人员形成了非常大的威胁。因此,对东露天矿采空区火区进行灭火治理迫在眉睫。

(a) 有毒浓烟　　　　　　　(b) 煤层燃烧　　　　　　　(c) 钻孔喷火

图5-1　东露天矿煤田采空区火

5.1.2　露天矿采空区火区形成过程及特点

露天矿小煤窑火是煤田火的特殊表现形式,是井工矿采空区火灾发展的结果。图5-2为露天矿煤田火形成过程,煤田下部小煤窑开采完后,受上覆岩层压力及机械采动影响,遗留下来的大量采空区煤体垮落,上覆煤(岩)层下沉、断裂、垮落,并在煤层内出现大量与外界贯通的裂隙[188],这些裂隙可能是进风通道,也可能是燃烧后产物(CO、CO_2、SO_2等)的流出通道。沿垂直采空区方向,可将上覆岩层划分为三带:弯曲下沉带、裂缝带和垮落带,其中,垮落带遗煤较多,孔隙发育充分,易发生煤炭自燃。由于煤炭自燃所需氧气主要来自上下贯通的裂隙及封闭不严的巷道口,因而,采空区自燃主要发生在垮落带的中上部和较远的巷道口,对于部分裂隙发育的覆岩,自燃可能延伸至裂缝带。当开采的小煤窑较深时,采空区内供氧条件相对较差,遗煤多产生无火焰的阴燃;但随着采空区上部煤层被剥离,外界空气通过裂隙大量流入采空区,当剥离至采空区附近时,阴燃极有可能演变为大面积明火,采空区内的高温还将加剧上覆煤(岩)层下沉和裂隙的再发育[189-191],在裂隙通道内形成贯通的火风压,从而使得采空区火势进一步加大,当在该区域实施爆破作业时,明火很可能由爆破钻孔直接喷出,如图 5-1(c)所示。

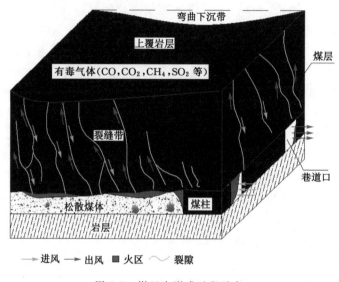

图 5-2 煤田火形成过程示意

露天矿煤田采空区火区具有煤火和井下采空区火灾的特点,同时具有自身的特性。东露天矿火区是典型的小煤窑采空区火区,不但具有一般露天矿小煤窑采空区火区分布范围广、发展速度快、漏风通道多、火源点隐蔽和易复燃等特点,而且具有快速动态变化和超大空间立体火区的特性,总结起来主要表现为[187,192-195]:

(1)裂隙通道复杂,漏风严重。小煤窑采空区与周边矿井或地面存在较多角联通道,上部覆盖煤层被剥离后,小煤窑采空区和废弃巷道与地表之间形成大量的裂隙和松散介质区,为采空区煤炭自燃提供了大量漏风通道,加上自然风压和火风压的动力作用,给高温火源提供了充足供氧条件。漏风通道在露天矿各个开采平盘之间大量存在,难以避免。

(2)火源点多,火区空间大。露天矿火区范围内小煤窑采空区数量众多,且开采历史悠久,一般采用短壁式或掘巷式开采方式,当巷道被揭露后形成数量多、分布广泛、复杂多样的火源,散布于矿坑内不同位置,通过相互串联巷道和漏风通道以点—线—面的扩散方式蔓延,最终形成横向上面积广阔(达几千平方米),纵向上相互交错(深度超过 50 m)的立体高温火区。

(3)火源点隐蔽。露天矿火区是原小煤窑乱采乱挖形成的,由于小煤窑开采资料不全,巷道、采空区分布不明,浮煤堆积情况不清,很难确定小煤窑和煤层自燃的具体位置;此外,随着露天矿生产的进行,平盘不断向前推进,整个火区和火源位置处于动态发展的过程中,这给火源探测工作带来了很大的难度。另外,火源一般隐藏在火区下部 2～5 m 甚至更深的区域,而人们在地表看到的高温区域并非真正的火源位置,从而经常造成对火源点的误判,以致错过最佳治理时期。

（4）高位火源多。通过现场观察发现，露天矿小煤窑火区火源点大多分布于小煤窑废弃巷道壁面和巷道顶部，巷道下部火源点分布较少，这主要是受露天矿阶梯式开采方式和钻孔施工的影响，煤层内采空区和上覆岩层产生了高差，自然风压和火风压的存在为采空区漏风提供动力，形成"烟囱效应"，巷道壁面和顶部煤层受到更多烘烤，热量容易积聚，形成向上发展的带状或片状高位火源。

（5）火区后期维护困难，容易复燃。露天矿火区分布范围广，在治理过程中，通常采取分区隔离治理措施；但在实际灭火过程中，由于煤田火区相互连通，热量通过上覆煤（岩）层发育的裂隙以及贯通的巷道等风流通道相互传导，如果对熄灭后的火区不及时进行剥离处理，则很容易复燃。

随着露天矿各平盘不断向前推进，未揭露的小煤窑采空区逐渐暴露在空气中，加之良好的供氧条件和蓄热条件，使得在露天矿推进方向上新的火区不断产生，因此露天矿小煤窑火区在空间和时间上是动态变化的；而且露天矿火区发展非常迅速，在揭露小煤窑采空区之前可能并未发现明显的高温和发火征兆，而一旦揭露采空区，部分区域会在很短的时间内发展为高温或明火火区，热量会迅速传播扩散，这种现象在煤层内部废弃坍塌的巷道中表现得最为明显，也有部分钻孔在刚形成时并未产生温度异常，在放置 2～3 d 后温度迅速升高，甚至出现明火。针对露天矿采空区火区，目前尚无特别有效的治理手段，传统的灌浆、注水、喷洒阻化剂、喷细水雾等技术，都存在严重的灌注量小、作用范围有限、治理不彻底等缺陷；而采用大流量泡沫连续灌注采空区火区，可对高温燃烧空间进行淹没式覆盖，封堵裂隙通道，隔绝供氧条件，利用水的冷却作用、氮气的窒息作用和发泡剂的阻化作用快速扑灭煤体火灾，并置换出大空间采空区内煤炭自燃产生的热量。

5.1.3　东露天矿泡沫灭火实施工艺

（1）泡沫制备装置组装

2015 年 1 月，煤层剥离至 4# 煤层 1245 平盘，平盘下部是遗留的大空间小煤窑采空区及废弃煤巷坍塌形成的空区，爆破钻孔温度很高（部分钻孔温度超过 240 ℃），并伴有浓烟涌出，钻孔内 CO、C_2H_4、C_2H_2 等指标气体浓度均超出正常值。由于高温隐患，爆破钻孔内无法安装炸药，正常的爆破、采煤作业无法实施，为此，通过对爆破钻孔进行预先测温确定了需要治理的火区范围：火区长 100 m，宽 50 m，总面积 5 000 m²。在划定的火区范围内，进行大流量泡沫灭火，图 5-3 为泡沫灭火系统的现场布置及连接图，系统由制氮机、发泡剂射流添加装置、螺旋射流式泡沫发生器（图 5-4）和泡沫输送管组成，制氮机由小型卡车托运移动，水源由移动水车或者上平盘水自流提供，系统装置放置于 4# 煤层 1245 平盘上。

由于露天矿水压普遍偏低，现场进行发泡剂添加时，根据第 2 章所述的理论，对射流结构进行了相应设计，以保证发泡剂的稳定添加。为获得最佳的发泡效果，通过多次调节与测试运行工况，最终确定了水压为 0.8 MPa，水量为 3.4 m³/h，氮气量为 300～400 m³/h，发泡剂添加量为 17 kg/h（添加比例为 0.5%），泡沫产生量约为 300 m³/h，发泡倍数为 90～100 倍，泡沫半衰期为 40～60 min。图 5-5 为现场制备出的大流量灭火泡沫，通过两根输送管将泡沫传输至灭火钻孔口，由灭火钻孔灌注至采空区火区。

（2）灌注钻孔

合理布置灭火钻孔，不仅能够提高灭火效率，还能降低灭火成本。根据东露天矿火区特

图 5-3　露天矿泡沫灭火系统布置图

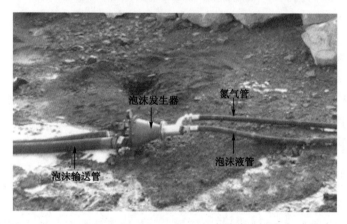

图 5-4　螺旋射流式泡沫发生器现场应用

（a）发泡效果　　　　　　　　　　（b）灭火泡沫

图 5-5　现场制备出的大流量灭火泡沫

性和生产工艺,决定利用露天矿的爆破钻孔充当灭火钻孔,治理完火区,这些钻孔仍可作为爆破钻孔。东露天矿日常的爆破钻孔间距为 8 m,钻孔直径为 200 mm,钻孔间呈交错布置,为更好地确定采空区高温区域,在实际打钻时缩小了钻孔间距,在火区范围内将钻孔施工间距控制在 4 m,如图 5-6 所示。

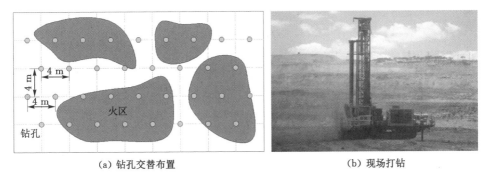

|(a) 钻孔交替布置|(b) 现场打钻|

图 5-6　现场钻孔布置

在进行大流量泡沫灌注之前,对火区内的爆破钻孔温度全部进行了测量,由于钻孔温度较高,孔口火风压很大,涌出的大量烟气呈蓝灰色并带有强烈的刺激性气味。如图 5-7 所示,两个条带高温区非常明显,钻孔最高温度达 247.3 ℃,条带高温区平均温度超过了200 ℃。地质报告显示,该区域曾进行过小煤窑开采,采空区面积较大,而且遗留的废弃巷道(巷道高约 3 m)煤柱发生坍塌形成了松散采空区,遗煤自燃严重。

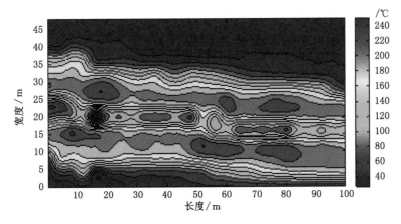

图 5-7　火区钻孔温度分布云图

实施泡沫灌注的具体步骤如下:① 用黄土封堵两条巷道口,防止向火区漏风;② 选择图 5-7 中温度最高的两个钻孔作为泡沫灌注孔;③ 将两根泡沫输送管置于两个灌注孔内,灌注泡沫直至泡沫从其他钻孔冒出,如无泡沫冒出,则持续灌注 8 h;④ 将灌注位置移至另外两个高温钻孔,重复上述步骤,直至所有钻孔温度均降至正常温度以下。随着大流量泡沫被灌注至采空区火区,泡沫首先在灌注点附近堆积,随后逐渐向巷道其他位置扩散,如图 5-8 所示,泡沫在现场的灌注效果如图 5-9 所示。

5.1.4　灭火效果考察

(1) 钻孔内温度变化情况

自 2015 年 2 月开始,泡沫灭火工作在 4# 煤层 1245 平盘划定的火区内正式实施。通过灭火钻孔对采空区火区连续灌注泡沫,并每隔 8 h 监测各个钻孔内温度,图 5-10 是火区内

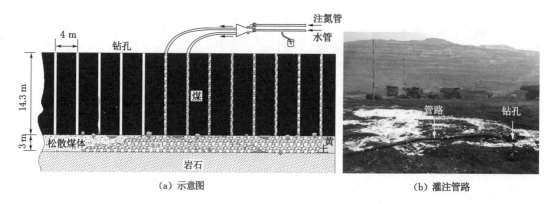

（a）示意图 （b）灌注管路

图 5-8 采空区泡沫灌注效果

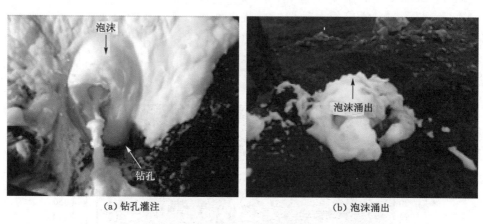

（a）钻孔灌注 （b）泡沫涌出

图 5-9 现场钻孔泡沫灌注效果

泡沫灌注 8 h、16 h、24 h 后的钻孔内温度分布云图。由图 5-10 可以发现，随着灌注时间增加，泡沫被大量灌入采空区火区，高温火区面积迅速缩小，超过 200 ℃的高温钻孔数量由最初的 72 个在 8 h 内迅速减少为 29 个；连续灌注泡沫 24 h 后，高温火区已经完全消失，火区钻孔内平均温度降至 40～50 ℃，由于采空区空间较大，热量不易在短时间内完全散失，因而，该温度高于地表温度，但钻孔内温度已低于爆破允许的安全温度阈值（50 ℃），可以实施钻孔爆破。

（2）钻孔内 CO 浓度变化情况

CO 浓度是反映火区燃烧情况的主要指标，也是实施安全爆破的重要参考数据。东露天矿自然发火预测预报的指标气体以 CO 为主，辅助以其他指标气体。由于 4# 煤层 1245 平盘治理火区范围内钻孔数量较多，钻孔总数达 325 个，而且 CO 浓度的测试需要经过一定时间，因而，对所有钻孔内的 CO 浓度进行测试太过烦琐，意义也不太大。根据已测试的火区范围内钻孔内温度分布情况，仅对高温区的 30 个钻孔内 CO 浓度进行了测试，测试分为五个阶段：初始浓度（未灌注泡沫）测试，泡沫灌注 8 h 浓度测试，泡沫灌注 16 h 浓度测试，泡沫灌注 24 h 浓度测试，泡沫灌注 30 h 浓度测试。最终测试的 30 个钻孔内 CO 浓度结果如表 5-1 所示。

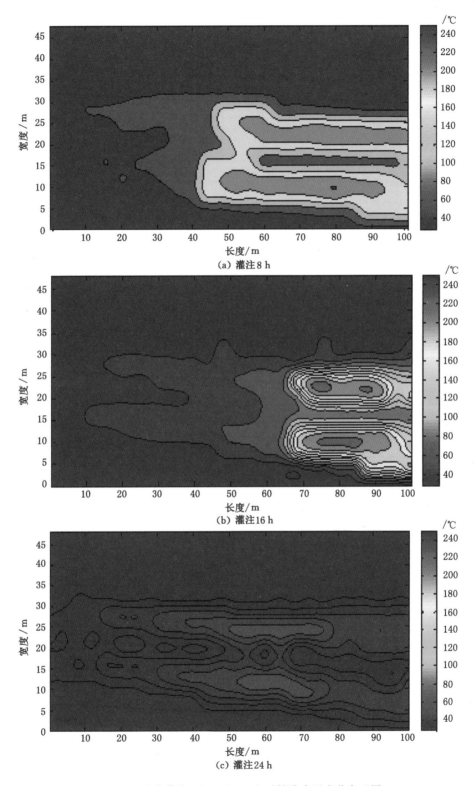

图 5-10　泡沫灌注 8 h、16 h、24 h 后钻孔内温度分布云图

表 5-1 钻孔内 CO 浓度分布情况

钻孔编号	初始浓度/($\times 10^{-6}$)	灌注泡沫后浓度/($\times 10^{-6}$)			
		8 h	16 h	24 h	30 h
1	26 739	6 825	2 816	142	20
2	20 682	9 323	4 826	243	16
3	18 568	8 441	4 756	241	21
4	14 527	7 381	3 110	145	28
5	22 965	10 354	5 764	239	15
6	13 062	10 154	5 827	340	10
7	18 035	15 041	4 904	245	16
8	9 353	6 254	3 626	350	24
9	16 212	7 067	4 621	238	15
10	18 039	12 071	5 916	112	17
11	11 079	8 314	6 733	137	20
12	7 436	4 936	2 829	143	17
13	17 287	8 463	4 754	141	24
14	18 073	4 162	2 110	447	20
15	12 011	6 103	3 768	150	35
16	13 062	7 101	3 826	146	18
17	18 000	5 150	3 901	239	23
18	7 090	4 627	2 621	245	18
19	16 220	8 770	5 622	344	27
20	18 080	9 120	4 912	442	17
21	11 017	7 833	3 735	238	22
22	6 672	4 746	2 673	147	25
23	12 087	8 864	5 742	137	10
24	17 530	7 067	4 873	148	11
25	17 468	9 384	5 823	136	22
26	17 202	8 452	4 753	240	24
27	18 098	9 162	5 110	456	17
28	12 032	7 103	3 767	344	18
29	13 078	6 101	4 820	352	25
30	9 858	5 389	3 698	305	21

由表 5-1 可以看出,在未实施泡沫灌注之前,钻孔内 CO 浓度非常高,最高浓度达 $2.673\ 9 \times 10^{-2}$,有 25 个钻孔内的 CO 浓度超过了 1.0×10^{-2},远远超过了正常爆破钻孔内的 CO 浓度;实施泡沫灌注后,钻孔内 CO 浓度降低得非常明显,灌注 8 h 后,仅有 4 个钻孔内 CO 浓度超过 1.0×10^{-2},灌注 16 h 后,已有 23 个钻孔内的 CO 浓度降至 5.0×10^{-3} 以下,灌

注 24 h 后,所有钻孔内的 CO 浓度均低于 5.0×10^{-4},灌注 30 h 后,所有钻孔内的 CO 浓度均稳定在 4.0×10^{-5} 以下。由于露天矿采空区火区较大,火区 CO 完全排出需要一定时间,且灌注 30 h 后钻孔内的 CO 浓度仅略高于《煤矿安全规程》规定的 2.4×10^{-5}。

（3）效益分析

钻孔内温度和 CO 浓度的显著降低表明该火区已得到治理,泡沫灭火后第二天矿方对该区域进行了复检,并成功实施了爆破作业。在整个灭火实施及爆破作业过程中,未发现由采空区火区引起的人员伤亡和机械设备漏陷等问题,保障了大型设备在该区域正常的剥离装运作业。由于该泡沫灭火系统采用射流装置定量吸液,避免了传统定量泵添加不稳定、设备不可靠的问题,整个操作过程操作非常简便,无须安排专门人员进行发泡剂调节,而且整套装置体积小,移动方便,可根据现场火区治理需要随时进行移动和安装,具有很强的露天矿现场适用性。

此外,中国西北部矿区普遍存在水资源短缺的严峻问题,露天矿传统的注水、注浆灭火技术耗水量均超过 $20 \ m^3/h$,而且由于采空区空间大,火区呈立体分布,水和浆体很容易沿着采空区底板裂隙直接流失掉,灭火效果极差。采用本书提出的大流量泡沫灭火技术,耗水量仅为 $3.4 \ m^3/h$,不足前者的 20%,大幅降低了露天矿供水负担,发泡剂添加比例仅为 0.5%,发泡剂添加量为 $17 \ kg/h$,与开采设备投入相比,材料成本是极低的,经济性突出,更为重要的是采用泡沫灭火技术之后,大面积火区（$5\ 000 \ m^2$）得到了彻底治理,矿区内工作环境得到了明显改善,如图 5-11 所示。该火区的成功快速治理得到了中煤平朔集团有限公司及东露天矿领导的高度评价,中煤平朔集团有限公司委托中国矿业大学继续对公司下属的三大露天矿的采空区火区进行治理,目前,该工作正在逐渐开展;更为关键的是,露天矿煤炭自燃采空区泡沫灭火技术的成功应用,为类似条件下的煤田火灾及矸石山火灾的防治提供了有益借鉴和成功范例,具有广阔的推广应用前景。

（a）治理前　　　　　　　　　　　　　　（b）治理后

图 5-11　火区治理前后效果

5.2　综放面采空区火区的应用实践

5.2.1　工作面概况

邹庄矿位于安徽省淮北市濉溪县南坪镇境内,井田中心距宿州市约 25 km,井田内主要含煤地层为二叠系的上、下石盒子组和山西组,区内揭露地层总厚度约为 974.20 m,自上而下共有十余个煤组,含煤 30 余层,平均煤厚为 23.39 m,含煤系数为 2.40%,矿井煤炭储量为 33 347.4 万 t。矿井 3_2、5_1、5_2、6_2、7_2、8_2 和 10 煤层为可采煤层,可采煤层平均厚度为 13.87 m,占煤层总厚度的 59.30%,其中 3_2、6_2、7_2、8_2 煤层为主要可采煤层,5_1、5_2、10 煤层为次要可采煤层,主要可采煤层平均总厚度为 11.69 m,占可采煤层平均总厚度的 84.28%,3_2 煤层全区可采,7_2 煤层除岩浆岩侵蚀区外全区可采,5_1、5_2、6_2、8_2 煤层大部可采,10 煤层局部可采。3_2 煤层位于上石盒子组下部,上与 2 煤层平均间距为 119.8 m,坚固性系数为 0.3,埋深为 720 m,煤层厚度为 1.06~8.22 m,平均煤厚为 2.43 m,可采面积为 16.95 km^2,可采系数达 100%;3_2 煤层结构较复杂,在 69 个可采见煤点中,有 39 个点含 1 层夹矸,有 14 个点含 2 层夹矸,有 3 个点含 3 层夹矸,夹矸以泥岩和碳质泥岩为主,少数为含碳泥岩,顶板、底板岩性以泥岩为主,少数为粉砂岩和细砂岩;煤层自燃鉴定表明,3_2 煤层自然发火倾向性为容易自燃。

矿井设计年生产能力为 240 万 t,其中 3103 综放面为俯采工作面,工作面高 3.0 m,宽 120 m,平均每天推进 2.5 m。当工作面由开切眼推进 150 m 时,受地质条件影响,在开采煤层内出现了 200~300 m 断层区域,工作面难以继续向前推进开采,2014 年 8 月,工作面被迫停采。为此,矿方决定在断层前方约 300 m 处开辟新的开切眼,并将原工作面的机械设备移至新开切眼。在拆卸液压支架和采煤机过程中,由于工作面始终未移动,采空区遗煤供氧充足,热量不易散失,蓄热充分,易自燃,工作面温度和上隅角 CO 浓度的监测值均大幅超过正常值,这表明采空区内已出现较为严重的煤炭自燃。该矿前期采用的是采空区注氮灭火技术,但由于工作面漏风严重,氮气冷却效果差,注氮效果非常不理想,温度和 CO 浓度始终居高不下,严重威胁着工作面拆架作业和井下工人的生命安全,为此,矿方与中国矿业大学取得联系,决定实施大流量泡沫技术治理采空区火。

5.2.2　井工矿采空区火区形成过程及特点

煤层开采之后,在其后方形成采动空间,围岩原始应力平衡及分布被破坏,受采场"O"形空间结构运动影响,上部围岩发生垮落、断裂和失稳变形,下部煤体被压碎,形成采空区[196-200]。根据上覆岩层变形破坏程度、应力状态、裂隙发育情况,可将上覆岩层在垂直方向上分为弯曲下沉带、裂缝带及垮落带[201-202],也即"竖三带";同时,根据垮落带浮煤和矸石的压实程度,将采空区沿工作面走向分为散热带、氧化自燃带和窒息带,也即"横三带"。如图 5-12 所示,"横三带"范围通常根据氧气浓度、漏风强度和指标气体浓度[203-204]进行划分。

受开采、漏风等条件影响,不同工作面"横三带"存在差异,通常散热带距工作面 5~25 m,氧化自燃带距工作面 25~60 m。随着工作面向前推进,采空区"横三带"动态变化,当开采速度快时,氧化自燃带可迅速被推过,遗煤蓄热时间短,采空区遗煤不易自燃;而当开采速度较慢甚至停采时,氧化自燃带的遗煤很容易自燃。井工矿采空区煤炭自燃具有以下特点:① 由于工作面已经推进至距开切眼较远处,采空区空间非常大,氧化自燃带区域较宽,煤炭自燃产生的高温区域不明确,火源隐蔽;② 开切眼、停采线、进风巷及回风巷(两线、两道)是回采过程中采空区遗留浮煤最多的区域,且漏风条件较为充分,是发生煤炭自燃的重点区域,也是防灭火工作需要重点治理的区域;③ 高温点通常不止一个,且在采空区呈零星立体化分布,尤其是综放面采空区,高温火源点常出现在采空区中上部,从而造成常规

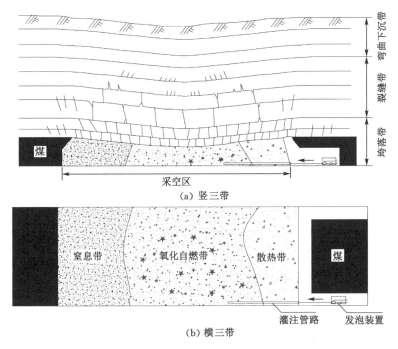

图 5-12 井工矿采空区三带分布

灌浆等防灭火技术手段难以有效作用至火区。

5.2.3 综放面采空区泡沫灌注工艺

通过分析采空区火区形成过程及火源特点,确定了邹庄矿 3103 综放面采空区大流量泡沫制备工艺和灌注系统。如图 5-13 所示,大流量泡沫制备装置安设在新的开切眼附近,新开切眼处于-460 m 水平,原工作面开切眼处于-390 m 水平,两者垂高 70 m,制备出的大流量灭火泡沫由泡沫输送管输送至原工作面采空区,管路总长 330 m,管路前端由工作面下隅角埋入采空区 30 m;为观察采空区内泡沫的灌注效果,在下隅角附近设置了泡沫观测孔。

射流装置和泡沫发生器通过挂钩固定在巷道壁上,如图 5-14 所示。整套泡沫制备装置体积很小,不影响巷道正常的运输与人员走动;发泡剂储存于容积为 200 L 的桶内,通过吸液管被自动定量地吸入射流装置,发泡剂添加比例为 0.8%;系统所用水源为井下静压水,水压为 2~3 MPa,水量为 3~4 m³/h;气源由原注氮机提供,氮气最大压力为 0.8 MPa,氮气量为 600 m³/h。

正常灌注泡沫后,观测孔位置处发泡倍数达 78.6 倍,发泡效果如图 5-15(a)所示;泡沫灌注至采空区之前,在距离工作面较近的进风巷内进行发泡效果试验,约 2 min 之后,大流量泡沫对巷道的充填效果如图 5-15(b)所示。泡沫发生器出口压力为 0.23 MPa,该出口压力低于螺旋射流式泡沫发生器临界出口压力(0.25~0.3 MPa),这表明泡沫发生器能够进行大流量泡沫的有效传递,产生的大流量泡沫由泡沫输送管[原灌浆(注氮)管路]灌注至采空区内。

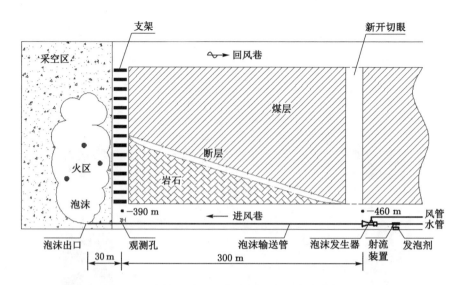

图 5-13   综放面采空区大流量泡沫灭火系统布置

图 5-14   泡沫制备装置井下安装情况

(a) 观测孔处   (b) 巷道内

图 5-15   井下发泡效果

5.2.4 灭火效果考察

（1）温度变化情况

随着大流量泡沫在采空区内堆积扩散，泡沫包裹覆盖燃烧煤体，隔断氧气，封堵裂隙直至充满整个大面积采空区空间。由于大流量泡沫的热置换作用和窒息效应，采空区内的高温区很快被冷却消除。图 5-16 为分别实施注氮和注泡沫时，工作面上隅角密闭墙内的温度变化情况，灌注时间均为 1 d。由图 5-16 可以看出，密闭墙内初始温度高达 224 ℃，注氮24 h 后，温度仍高达 143 ℃，远高于《煤矿安全规程》的规定值，而且在注氮过程中温度并非一直降低，经常出现反弹，这表明部分地点出现了复燃现象，灭火效果不彻底；停止注氮几天后，开始灌注泡沫，相比而言，大流量泡沫灭火要高效得多，在泡沫灌注 6 h 后，密闭墙内温度即由 238 ℃ 降至 98 ℃，灌注 18 h 后，温度已降至 27 ℃，之后，密闭墙内温度始终保持在30 ℃ 以下的安全值，而且在整个泡沫灭火过程中温度并未出现反弹，这表明泡沫防复燃效果非常好。

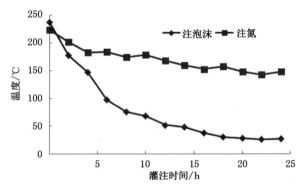

图 5-16   注泡沫与注氮对火区温度的影响情况

（2）CO 浓度变化情况

密闭墙内 CO 浓度变化情况如图 5-17 所示。由图 5-17 可以看出，前期注氮对稀释采空区 CO 的效果明显，在开始注氮的 8 h 内，CO 浓度由 8.58×10^{-4} 迅速降至 6.16×10^{-4}，但之后注氮对 CO 浓度的降低效果并不明显，主要原因是采空区空间大，氮气冷却性能差，对自燃煤体直接灭火能力较差，而且工作面漏风较为严重，氮气易随风流逸走，难以在采空区内长久保留；由于泡沫采用氮气鼓泡，兼有注氮、注水和喷洒阻化剂的作用，因而对自燃煤体的直接灭火效果非常明显，注泡沫后，CO 浓度显著降低，连续灌注泡沫 20 h 后，密闭墙内CO 浓度由 9.62×10^{-4} 降至 2.2×10^{-5}，低于《煤矿安全规程》的规定值。

（3）效益分析

通过实时监测密闭墙内温度与工作面上隅角 CO 浓度，发现温度和 CO 浓度均未再反弹，可以确定灌注大流量泡沫之后，采空区内的高温火区已得到控制。在泡沫灌注后的第二天，陆续开始从原工作面到新开切眼的设备搬运工作，在整个拆架、移架过程中，工作面温度始终被控制在 26～29 ℃，CO、CH_4 和 C_2H_2 等指标气体均未出现异常，泡沫灭火技术的实施有力地保证了该工作面的安全生产。现场统计表明，整个泡沫灭火过程仅使用发泡剂 3 t（15 桶），泡沫灭火技术成本低，为该矿创造了巨大的经济和社会效益。

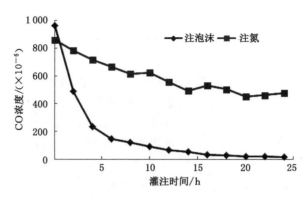

图 5-17　注泡沫与注氮对火区 CO 浓度的影响情况

　　煤矿现场的工程实践检验及应用效果考察表明,大流量泡沫对露天矿及井工矿大空间采空区火区的灭火降温效果突出,是一种具有广阔应用前景和推广价值的煤矿防灭火技术。

参考文献

[1] 中华人民共和国国家统计局.中华人民共和国 2020 年国民经济和社会发展统计公报[EB/OL].(2021-05-28)[2021-02-28].http://www.stats.gov.cn/tjsj/zxfb/202102/t20210227_1814154.html.

[2] 张明,胡耘,朱法华,等.中国与世界主要经济体能源消费特征比较研究[J].中国国土资源经济,2021,34(1):47-54.

[3] 袁亮,张农,阚甲广,等.我国绿色煤炭资源量概念、模型及预测[J].中国矿业大学学报,2018,47(1):1-8.

[4] 谢和平,任世华,谢亚辰,等.碳中和目标下煤炭行业发展机遇[J].煤炭学报,2021,46(7):2197-2211.

[5] 中华人民共和国国家发展和改革委员会.煤炭工业发展"十二五"规划[EB/OL].(2012-03-22)[2013-07-16].http://news.xinhuanet.com/energy/2012-03/22/c_122868716.htm.

[6] 范维唐,卢鉴章,申宝宏,等.煤矿灾害防治的技术与对策[M].徐州:中国矿业大学出版社,2007.

[7] 仲晓星.煤自燃倾向性的氧化动力学测试方法研究[D].徐州:中国矿业大学,2008.

[8] 王德明.矿井火灾学[M].徐州:中国矿业大学出版社,2008.

[9] 曹凯.综放采空区遗煤自然发火规律及高效防治技术[D].徐州:中国矿业大学,2013.

[10] 刘乔.煤中含硫成分对煤自燃过程的影响[D].徐州:中国矿业大学,2013.

[11] 王德明.煤氧化动力学理论及应用[M].北京:科学出版社,2012.

[12] GOUWS M J,GIBBON G J,WADE L,et al.An adiabatic apparatus to establish the spontaneous combustion propensity of coal[J].Mining science and technology,1991,13(3):417-422.

[13] 张建民.中国地下煤火研究与治理[M].北京:煤炭工业出版社,2008.

[14] 邓军,文虎,张辛亥,等.煤田火灾防治理论与技术[M].徐州:中国矿业大学出版社,2014.

[15] 黄显华.易自燃煤层残留煤柱开采防灭火技术研究[D].北京:中国矿业大学(北京),2015.

[16] SONG Z Y,KUENZER C.Coal fires in China over the last decade:a comprehensive review[J].International journal of coal geology,2014,133:72-99.

[17] STRACHER G B,PRAKASH A,SOKOL E V.Coal and peat fires:a global perspective[M].Amsterdam:Elsevier,2011.

[18] QIN B T,LU Y,LI Y,et al.Aqueous three-phase foam supported by fly ash for coal spontaneous combustion prevention and control[J].Advanced powder technology, 2014,25(5):1527-1533.

[19] MELODY S M,JOHNSTON F H.Coal mine fires and human health:what do we know? [J].International journal of coal geology,2015,152:1-14.

[20] KUENZER C,ZHANG J Z,TETZLAFF A,et al.Uncontrolled coal fires and their environmental impacts:investigating two arid mining regions in north-central China [J].Applied geography,2007,27(1):42-62.

[21] MCDONALD L B,POMROY W H.Statistical analysis of coal-mine fire incidents in the United States from 1950 to 1977[R].Washington:Bureau of Mines,1980.

[22] TREVITS M A,YUAN L,SMITH A C, et al.The status of mine fire research in the United States[R].London:Taylor and Francis Group,2008.

[23] HAM B.A review of spontaneous combustion incidents[R].Wollongong:Institute of Mining and Metallurgy,2005.

[24] WACHOWICZ J. Analysis of underground fires in Polish hard coal mines[J]. Journal of China University of Mining and Technology,2008,18(3):332-336.

[25] ABHISHEK J.Assesment of spontaneous heating susceptibility of coals differential thermal analysis[R].Rourkela:Department of Mining Engineering,2009.

[26] MAHIDIN U, USUI H, ISHIKAWA S, et al. The evaluation of spontaneous combustion characteristics and properties of raw and upgraded Indonesian low rank coals[J].Coal preparation,2002,22(2):81-91.

[27] NUGROHO Y S,MCINTOSH A C,GIBBS B M.Using the crossing point method to assess the self-heating behavior of Indonesian coals[J].Symposium(international) on combustion,1998,27(2):2981-2989.

[28] KIM C J,SOHN C H.A novel method to suppress spontaneous ignition of coal stockpiles in a coal storage yard[J].Fuel processing technology,2012,100:73-83.

[29] YUAN L M,SMITH A C.The effect of ventilation on spontaneous heating of coal [J].Journal of loss prevention in the process industries,2012,25:131-137.

[30] XIA T Q,ZHOU F B,LIU J S,et al.A fully coupled hydro-thermo-mechanical model for the spontaneous combustion of underground coal seams[J].Fuel,2014, 125:106-115.

[31] 时国庆.防灭火三相泡沫在采空区中的流动特性与应用[D].徐州:中国矿业大学, 2010.

[32] COLAIZZI G J.Prevention,control and/or extinguishment of coal seam fires using cellular grout[J].International journal of coal geology,2004,59(1/2):75-81.

[33] KIM A G.Cryogenic injection to control a coal waste bank fire[J].International journal of coal geology,2004,59:63-73.

[34] ADAMUS A. Technical note:review of nitrogen as an inert gas in underground mines[R].[S.l.:s.n.],2001.

[35] ZHOU F B,SHI B B,CHENG J W,et al.A new approach to control a serious mine fire with using liquid nitrogen as extinguishing media[J].Fire technology,2015,51：325-334.

[36] XU Y L,WANG D M,WANG L Y,et al.Experimental research on inhibition performances of the sand-suspended colloid for coal spontaneous combustion[J]. Safety science,2012,50：822-827.

[37] SINGH A K,SINGH R V K,SINGH M P,et al.Mine fire gas indices and their application to Indian underground coal mine fires[J].International journal of coal geology,2007,69(3)：192-204.

[38] WU J J,LIU X C.Risk assessment of underground coal fire development at regional scale[J].International journal of coal geology,2011,86(1)：87-94.

[39] RAY S K,SINGH R P.Recent developments and practices to control fire in underground coal mines[J].Fire technology,2007,43：285-300.

[40] LU X X,WANG D M,QIN B T,et al.Novel approach for extinguishing large-scale coal fires using gas-liquid foams in open pit mines[J].Environmental science and pollution research,2015,22(23)：18363-18371.

[41] SINGH R V K,TRIPATHI D D,SINGH V K.Evaluation of suitable technology for prevention and control of spontaneous heating/fire in coal mines[J].Archives of mining sciences,2008,53(4)：555-564.

[42] ZHOU F B,REN W X,WANG D M,et al.Application of three-phase foam to fight an extraordinarily serious coal mine fire[J].International journal of coal geology,2006,67(1/2)：95-100.

[43] 田兆君,王德明,徐永亮,等.矿用防灭火凝胶泡沫的研究[J].中国矿业大学学报,2010,39(2)：169-172.

[44] ZHANG L L,QIN B T.Development of a new material for mine fire control[J]. Combustion science and technology,2014,186(7)：928-942.

[45] 任万兴,郭庆,左兵召,等.泡沫凝胶防治煤炭自燃的特性与机理[J].煤炭学报,2015,40(2)：401-406.

[46] 张雷林.防治煤自燃的凝胶泡沫及特性研究[D].徐州：中国矿业大学,2014.

[47] 田兆君.煤矿防灭火凝胶泡沫的理论与技术研究[D].徐州：中国矿业大学,2009.

[48] 秦波涛,张雷林.防治煤炭自燃的多相凝胶泡沫制备实验研究[J].中南大学学报(自然科学版),2013,44(11)：4652-4657.

[49] MATTHEW J M,HSCOTT F.Prediction of fluid distribution in porous media treated with foamed gel[J].Chemical engineering science,1995,50(50)：3261-3274.

[50] MATTHEW J M,KARTIC K,HSCOTT F.Aging of foamed gel for subsurface permeability reduction[J].Journal of colloid and interface science,1995,175(1)：88-96.

[51] 任万兴,郭庆,左兵召.一种用于煤炭自燃治理的泡沫凝胶制备方法及装置：201310470099.7[P].2014-02-12.

[52] 任万兴,左兵召,郭庆.一种用于矿井防灭火的泡沫凝胶制备装置：201310514578.4[P].

2014-02-19.

[53] 王德明.矿井防灭火新技术:三相泡沫[J].煤矿安全,2004,35(7):16-18.

[54] 秦波涛,王德明,陈建华,等.粉煤灰三相泡沫组成成分及形成机理研究[J].煤炭学报,2005,30(2):155-159.

[55] 秦波涛,王德明.三相泡沫的稳定性及温度的影响[J].金属矿山,2006(4):62-65.

[56] 周福宝,王德明,张玉良,等.含氮气三相泡沫的固氮及惰化特性[J].中国矿业大学学报,2006,35(1):11-14.

[57] 王德明,张仁贵,李增华,等.防治煤炭自燃的三相泡沫发生装置:ZL02148411.2[P].2003-05-14.

[58] HARTMANN I,NAGY J,BARNES R W,et al.Studies with high-expansion foams for controlling experimental coal mine fires[R].Washington:Bureau of Mines Progress Report,1958.

[59] NAGY J,MURPHY E M,MITCHELL D W.Controlling mine fires with high-expansion foam[R].Washington:Bureau of Mines Report of Investigations,1960.

[60] 抚顺煤炭研究所.高倍数泡沫灭火及其在煤矿的应用[M].北京:煤炭工业出版社,1980.

[61] 井清武弘.巷道木支架的泡沫灭火试验[J].河北煤炭,1988(2):70-72.

[62] 井清武弘.巷道木支架火灾的泡沫灭火装置[J].煤炭工程师,1987(2):54-56.

[63] VORACEK V.Current planning procedures and mine practice in the field of prevention and suppression of spontaneous combustion in deep coal mines of the Czech part of upper silesia coal basin[C]//27th International Conference of Safety in Mines Research Institutes,1997.

[64] 王振平,王洪权,宋先明,等.惰气泡沫防灭火技术在兴隆庄煤矿的应用[J].煤矿安全,2004,35(12):26-28.

[65] BANERJEE S C,ACHARYA A K.High expansion foam:its use in mine fire[J].Journal of mines,metals and fuels,1986,34(10):448-451.

[66] KOMAI T,ISEI T,SHIKADA N,et al.Underground fire extinguishing by the combined system of inert gas generator and foam generator[R].Shigen:National Research Institute for Pollution and Resources,1989.

[67] SMITH A C,TREVITS M A,OZMET A,et al.Evaluation of gas-enhanced foam for suppressing coal mine fires[R].Pittsburgh:National Institute for Occupational Safety and Health,2005.

[68] 张祎.一种防治煤自燃的高效化学阻化剂研究[D].徐州:中国矿业大学,2012.

[69] WANG D M,DOU G L,ZHONG X X,et al.An experimental approach to selecting chemical inhibitors to retard the spontaneous combustion of coal[J].Fuel,2014,117:218-223.

[70] DOU G L,WANG D M,ZHONG X X,et al.Effectiveness of catechin and poly(ethylene glycol) at inhibiting the spontaneous combustion of coal[J].Fuel processing technology,2014,120:123-127.

[71] 尼力克,布伦南.螺杆泵与井下螺杆钻具[M].侯玉芳,等译.北京:石油工业出版社, 2009.

[72] 王德明,任万兴,郭小云.一种三相泡沫发泡剂定量添加泵:200720039645.1[P].2008-07-23.

[73] 李华安,师黄河.水力混合计量泵在煤矿化学降尘中的应用[J].中州煤炭,1990(2): 23,14.

[74] 周长根.凿岩泡沫除尘[J].工业安全与防尘,1988(4):15-19.

[75] 张仁贵,周福宝,张云峰,等.泡沫抑尘装置:200920092287.X[P].2010-05-12.

[76] 闵永林.压力式空气泡沫比例混合器的结构设计与计算[J].消防科学与技术, 2001(2):37-39.

[77] 方淑萍.浅谈孔板流量计的使用和测量误差[J].化学工程与装备,2010(7):75-76.

[78] 唐黎明,郝敏.泡沫比例混合器的种类与应用[J].石油库与加油站,2010,19(5):28-30.

[79] 秘义行,吴洪有.低倍数泡沫灭火系统设计[J].消防技术与产品信息,1998(增1): 190-226.

[80] 王德明.矿尘学[M].北京:科学出版社,2015.

[81] 李凯,毛罕平,李百军.混药混肥装置控制性能分析[J].农业机械学报,2003,34(1): 50-53.

[82] 孙艳琦.文丘里施肥器结构参数对吸肥性能的影响[D].杨凌:西北农林科技大学, 2010.

[83] 王淼,黄兴法,李光永.文丘里施肥器性能数值模拟研究[J].农业工程学报,2006, 22(7):27-31.

[84] 李久生,张建君,薛克宗.滴灌施肥灌溉原理与应用[M].北京:中国农业科学技术出版 社,2003.

[85] 陈长林,龚艳.基于两级射流泵混药装置的喷雾机应用试验研究[J].中国农机化, 2007(4):72-74.

[86] 吴萍,陈长林,赵刚.背负式手动喷雾器混药装置的研究[J].中国农机化,2000(5):33-35.

[87] 张思梅,吴义锋.泡沫比例混合器混合比例的分析[J].安徽水利水电职业技术学院学 报,2003,3(2):28-31.

[88] 周良富.射流式喷雾混药装置的数值模拟与优化设计[D].北京:中国农业科学院, 2010.

[89] BOURGEOIS A,BERGENDAHL J,RANGWALA A.Biodegradability of fluorinated fire-fighting foams in water[J].Chemosphere,2015,131:104-109.

[90] ZHANG Q L,WANG L,BI Y X,et al.Experimental investigation of foam spread and extinguishment of the large-scale methanol pool fire[J].Journal of hazardous materials,2015,287:87-92.

[91] 初迎霞.CAFS中流动参数与泡沫形态关系的试验研究[D].北京:北京林业大学, 2005.

[92] 周榕,赵远征,王五成.高倍泡沫灭火系统在船舶机舱中的应用分析[J].船海工程, 2011,40(2):81-83.

[93] SALYER I O,SUN S M,SCHWENDEMAN J L,et al.Foam suppression of respirable

coal dust[R].Pittsburgh:Department of the Interior Bureau of Mines,1970.

[94] 方维藩.泡沫除尘器和其他几种新型的除尘设备[J].大连工学院学刊,1959(1):91-102.

[95] 山尾信一郎,梅津富,刘建荣.机采工作面的泡沫除尘[J].煤矿安全,1984(4):50-53.

[96] 邱雁,肖德昌,王凤岐.压注惰气技术在采空区灭火中的应用[J].煤矿安全,1994(4):10-11.

[97] 肖德昌.高倍数泡沫装置中的几个技术参数的关系[J].煤矿安全,1976(4):34-37.

[98] 栾培.PF4型水轮式高倍数泡沫发生器[J].消防科技,1985(3):42,49.

[99] 申瑞臣.泡沫发生器结构设计综述[J].石油机械,1993,21(5):52-55.

[100] 张泽业.PQ-Ⅰ型泡沫发生器中喷射系统和涡轮泡沫分散切割器的设计[J].成都理工学院学报,1997,24(4):97-101.

[101] 王德明,任万兴,王兵兵,等.一种煤矿除尘用泡沫发生装置:200810023577.9[P].2009-01-14.

[102] 梁宇,程理,王旭东.挡板射流式泡沫发生装置的研制[J].辐射防护通讯,2010,30(4):31-33.

[103] MORTON L K,MATTHEWS K R.Air/liquid static foam generator:US5492655[P].1996-02-20.

[104] 林霖.多组分压缩空气泡沫特性表征及灭火有效性实验研究[D].合肥:中国科学技术大学,2007.

[105] 张锡进,杨茂功.压缩气体泡沫灭火系统气液比例混合发泡器:201110186008.8[P].2011-11-23.

[106] 朱鲁曰,朱汉衡,朱鲁铭.气水紊流再混合管:200610154548.7[P].2007-10-24.

[107] 王德明,陆新晓,王和堂,等.一种风动射流式比例发泡装置:201220511068.2[P].2013-04-03.

[108] 王德明,王和堂,王庆国,等.煤矿降尘用自吸空气式旋流发泡装置:201310054532.9[P].2015-01-21.

[109] WANG H T,WANG D M,TANG Y,et al.Experimental investigation of the performance of a novel foam generator for dust suppression in underground coal mines[J].Advanced powder technology,2014,25(3):1053-1059.

[110] 董志勇.射流力学[M].北京:科学出版社,2005.

[111] 朱畅.稳压型多功能消防水枪的研制和细水雾灭火实验[D].杭州:浙江大学,2005.

[112] 陆宏圻.喷射技术理论及应用[M].武汉:武汉大学出版社,2004.

[113] 肖国俊,丁学俊,骆名文,等.射汽抽气器设计计算[J].化工机械,2006,33(6):336-340.

[114] 卡列林.离心泵和轴流泵中的汽蚀现象[M].吴达人,文培仁,译.北京:机械工业出版社,1985.

[115] 龙新平,何培杰.射流泵汽蚀问题研究综述[J].水泵技术,2003(4):33-38.

[116] BONNINGTON S T,KING A L.Jet pumps and ejectors:a state of the art reviews and bibliographer[M].[S.l.:s.n.],1972.

[117] MARINI M,MASSARDO A,SATTA A,et al.Low area ratio aircraft fuel jet-pump performances with and without cavitation[J].Journal of fluids engineering,1992,114(4):

626-631.

[118] WINOTO S H,SHAH D,ESE T.Limiting flow condition in water jet pump[C]// International Symposium on Hydraulic Machinery and Cavitation,1998.

[119] 蔡标华.射流泵初生空化及其试验研究[D].武汉:武汉大学,2005.

[120] LU H Q,SHANG H Q.Mechanism and calculation theory of jet pump cavitation [J].Scientia sinica(series A),1987,11:1174-1187.

[121] 赵建福.掺气水流可压缩特性的研究[D].武汉:武汉水利电力大学,1998.

[122] CUNNINGHAM R G,HANSEN A G,NA T Y.Jet pump cavitation[J].Journal of basic engineering,1970,92(3):483-492.

[123] ČERNETIČ J,ČUDINA M.Estimating uncertainty of measurements for cavitation detection in a centrifugal pump[J].Measurement,2011,44(7):1293-1299.

[124] DULAR M,BACHERT B,STOFFEL B,et al.Relationship between cavitation structures and cavitation damage[J].Wear,2004,257(11):1176-1184.

[125] LONG X,YAO H,ZHAO J.Investigation on mechanism of critical cavitating flow in liquid jet pumps under operating limits[J].International journal of heat and mass transfer,2009,52(9):2415-2420.

[126] WU J H,LUO C.Effects of entrained air manner on cavitation damage[J].Journal of hydrodynamics,2011,23(3):333-338.

[127] LU X X,WANG D M,SHEN W,et al.Experimental investigation on the performance of improving jet pump cavitation with air suction[J].International journal of heat and mass transfer,2015,88:379-387.

[128] CHINNARASRI C,WONGWISES S.Flow patterns and energy dissipation over various stepped chutes[J].Journal of irrigation and drainage engineering,2006, 132(1):70-76.

[129] 王世夏.含沙高速水流掺气特性和掺气抗磨作用[J].河海大学学报,1994,22(4):32-38.

[130] WANG H T,WANG D M,LU X X,et al.Experimental investigations on the performance of a new design of foaming agent adding device used for dust control in underground coal mines[J].Journal of loss prevention in the process industries, 2012,25(6):1075-1084.

[131] LU X X,WANG D M,SHEN W,et al.Experimental investigation of the propagation characteristics of an interface wave in a jet pump under cavitation condition[J].Experimental thermal and fluid science,2015,63:74-83.

[132] 孙寿.水泵汽蚀及其防治[M].北京:水利电力出版社,1989.

[133] 廖振方,唐川林.自激振荡脉冲射流喷嘴的理论分析[J].重庆大学学报(自然科学版),2002,25(2):24-27.

[134] 刘晖霞.环形射流泵产生空化的机理及其改善的研究[D].重庆:重庆大学,2007.

[135] HARVEY D W.Throttling venturi valves for liquid rocket engines[R].[S.l.:s.n.], 1970.

[136] HUZEL D K,HUANG D H.Modern engineering for design of liquid-propellant

rocket engines[M].[S.l.:s.n.],1992.

[137]　ABEDINI E A,ASHRAFIZADE A,KARIMI M H,et al.Experimental performance evaluation of a cavitating venturi[J].Arabian journal for science and engineering,2014,39: 1375-1380.

[138]　HOOK D L,BEHRENS H W,MAGIAWALA K R.Cavitating venturi for low Reynolds number flows:US5647201[P].1997-07-15.

[139]　ABDULAZIZ A M.Performance and image analysis of a cavitating process in a small type venturi[J].Experimental thermal and fluid science,2013,53:40-48.

[140]　GHASSEMI H,FASIH H F.Application of small size cavitating venturi as flow controller and flow meter[J].Flow measurement and instrumentation,2011, 22(5):406-412.

[141]　ULAS A.Passive flow control in liquid-propellant rocket engines with cavitating venturi[J].Flow measurement and instrumentation,2006,17(2):93-97.

[142]　LU X X,WANG D M,SHEN W,et al.Experimental investigation on liquid absorption of jet pump under operating limits[J].Vacuum,2015,114:33-40.

[143]　PLESSET M S,CHAPMAN R B.Collapse of an initially spherical vapour cavity in the neighbourhood of a solid boundary[J].Journal of fluid mechanics,1971,47(2): 283-290.

[144]　WITTE J H.Mixing shocks in two-phase flow[J].Journal of fluid mechanics,1969, 36(4):639-655.

[145]　BRENNEN C E.Fundamentals of multiphase flows[M].Cambridge:Cambridge University Press,2005.

[146]　龙新平,程茜,韩宁,等.射流泵空化流动的数值模拟[J].排灌机械工程学报,2010,28(1): 7-11.

[147]　龙新平,王丰景,俞志君.喷射泵内部流动模拟与其扩散角优化[J].核动力工程, 2011,32(1):53-57.

[148]　肖龙洲,龙新平.吸入室角度对环形射流泵空化性能的影响[J].浙江大学学报(工学版),2015,49(1):123-129.

[149]　吴玉萍,王泽华,谢国治,等.水力机械抗汽蚀材料研究新进展[J].机械工程材料, 2005,29(9):5-7.

[150]　FU W T,ZHENG Y Z,JING T F,et al.Structural changes after cavitation erosion for a Cr-Mn-N stainless steel[J].Wear,1997,205(1/2):28-31.

[151]　RICHMAN R H,RAO A S,HODGSON D E.Cavitation erosion of two NiTi alloys [J].Wear,1992,157(2):401-407.

[152]　KWOK C T,CHENG F T,MAN H C.Laser surface modification of UNS S31603 stainless steel using NiCrSiB alloy for enhancing cavitation erosion resistance[J]. Surface and coatings technology,1998,107(1):31-40.

[153]　奚志林,王德明,陆伟,等.泡沫除尘机理研究[J].煤矿安全,2006(3):1-4.

[154]　赵国玺.表面活性剂物理化学[M].北京:北京大学出版社,1984.

[155]　DHOLKAWALA Z F,SARMA H K,KAM S I.Application of fractional flow theory to foams in porous media[J].Journal of petroleum science and engineering，2007,57(1/2):152-165.

[156]　庞占喜,程林松,刘慧卿.多孔介质中稳定泡沫的流动计算及实验研究[J].力学学报，2008,40(5):599-604.

[157]　MAURDEV G,SAINT-JALMES A,LANGEVIN D.Bubble motion measurements during foam drainage and coarsening[J].Journal of colloid and interface science，2006,300(2):735-743.

[158]　GAUGLITZ P A,FRIEDMANN F,KAM S I,et al.Foam generation in homogeneous porous media[J].Chemical engineering science,2002,57(19):4037-4052.

[159]　CHEN M,YORTSOS Y C,ROSSEN W R.Insights on foam generation in porous media from pore-network studies[J].Colloids and surfaces A:physicochemical and engineering aspects,2005,256(2/3):181-189.

[160]　耿佃才.二氧化碳泡沫液在多孔介质内流动性特性的实验研究[D].青岛:青岛科技大学,2013.

[161]　RANSOHOFF T C,RADKE C J.Mechanisms of foam generation in glass-bead packs[J].SPE reservoir engineering,1988,3(2):573-585.

[162]　吴灿.泡沫体系在孔隙介质中的流变性及渗流特性[D].成都:成都理工大学,2014.

[163]　张鹏.泡沫流体稳定性及泡沫在多孔介质中的行为和性能研究[D].济南:山东大学,2005.

[164]　杨胜强,张人伟,邸志前,等.煤炭自燃及常用防灭火措施的阻燃机理分析[J].煤炭学报,1998,23(6):620-624.

[165]　杨浩,岳湘安,赵仁保,等.泡沫在多孔介质中封堵有效期实验研究[J].油田化学,2009,26(3):273-275,285.

[166]　陆伟.高倍阻化泡沫防治煤自燃[J].煤炭科学技术,2008,36(10):41-44.

[167]　郑兰芳.阻化剂抑制煤炭氧化自燃性能的实验研究[D].西安:西安科技大学,2009.

[168]　李慧清.压缩空气泡沫系统(CAFS)泡沫性能的试验研究[D].北京:北京林业大学,2000.

[169]　梁运涛,张腾飞,王树刚,等.采空区孔隙率非均质模型及其流场分布模拟[J].煤炭学报,2009,34(9):1203-1207.

[170]　张春,题正义,李宗翔.采空区孔隙率的空间立体分析研究[J].长江科学院院报,2012,29(6):52-57.

[171]　YUAN L M,SMITH A C.Numerical study on effects of coal properties on spontaneous heating in longwall gob areas[J].Fuel,2008,87(15/16):3409-3419.

[172]　昊志林,王德明,时国庆.三相泡沫在采空区中渗流特性的数值模拟[J].中国矿业大学学报,2009,38(3):341-345.

[173]　LU X X,WANG D M,ZHU C B,et al.Experimental investigation of fire extinguishment using expansion foam in the underground goaf[J].Arabian journal of geosciences,2015,8(11):9055-9063.

[174] 林霖,翁韬,房玉东,等.压缩空气泡沫析液过程分析[J].中国科学技术大学学报,2007,37(1):70-76.

[175] FALLS A H,MUSTERS J J,RATULOWSKI J.The apparent viscosity of foams in homogeneous bead packs[J].SPE reservoir engineering,1989,4(2):155-164.

[176] KIM J S,DONG Y,ROSSEN W R.Steady-state flow behavior of CO_2 foam[J].SPE journal,2005,10(4):405-415.

[177] 朱前林,李小春,魏宁,等.多孔介质中气泡尺寸对流动阻力的影响[J].岩土力学,2012,33(3):913-918.

[178] 杨明奇.充气泡沫钻井液稳定性评价指标:半衰期[J].煤田地质与勘探,1995,23(1):70.

[179] 祖庸,程惠亭,马宝岐.泡沫持液量、半衰期与气速关系的研究[J].西北大学学报(自然科学版),1992,22(3):307-310.

[180] WEAIRE D.Foam physics[J].Advanced engineering materials,2002,4(10):723-725.

[181] 孙其诚,黄晋.液态泡沫结构及其稳定性[J].物理,2006,35(12):1050-1054.

[182] 韩国彬,吴金添,徐晓明.二维泡沫稳定性与拓扑学性质的关系研究[J].高等学校化学学报,2001,22(7):1177-1180.

[183] 张星,赵金省,张明,等.氮气泡沫在多孔介质中的封堵特性及其影响因素研究[J].石油与天然气化工,2009,38(3):227-230.

[184] 李雪松,王军志,王曦.多孔介质中泡沫驱油微观机理研究[J].石油钻探技术,2009,37(5):109-113.

[185] 鲁义.防治煤炭自燃的无机固化泡沫及特性研究[D].徐州:中国矿业大学,2015.

[186] ESTETHUIZEN G,KRACAN C.A methodology for determining gob permeability distributions and its application to reservoir modeling of coal mine longwalls[C]//Proceeding of the 2007 SME annual Meeting and Exhibit,2007.

[187] 王根涛,汤笑飞,牛庆.平朔东露天矿超大空间立体火区灭火技术[J].露天采矿技术,2015(3):78-81.

[188] 曾强.新疆地区煤火燃烧系统热动力特性研究[D].徐州:中国矿业大学,2012.

[189] 王帅领,王德明,曹凯,等.易燃综采面俯采过大断层期间防灭火技术研究与探讨[J].中国矿业,2012,21(7):76-79.

[190] SHAO Z L,WANG D M,WANG Y M,et al.Controlling coal fires using the three-phase foam and water mist techniques in the Anjialing Open Pit Mine,China[J].Natural hazards,2015,75:1833-1852.

[191] SONG Z Y,ZHU H Q,TAN B,et al.Numerical study on effects of air leakages from abandoned galleries on hill-side coal fires[J].Fire safety journal,2014,69:99-110.

[192] 汤笑飞.安家岭露天矿小窑火区快速治理技术研究[D].徐州:中国矿业大学,2014.

[193] SHAO Z L,WANG D M,WANG Y M,et al.Theory and application of magnetic and self-potential methods in the detection of the Heshituoluogai coal fire,China[J].Journal of applied geophysics,2014,104:64-74.

[194] 王文文.小煤窑自燃采空区灭火过程中气体变化规律研究[D].太原:太原理工大学,

2012.

[195] 曹代勇,樊新杰,吴查查,等.内蒙古乌达煤田火区相关裂隙研究[J].煤炭学报,2009, 34(8):1009-1014.

[196] 钱鸣高,石平五.矿山压力与岩层控制[M].徐州:中国矿业大学出版社,2003.

[197] YAVUZ H.An estimation method for cover pressure re-establishment distance and pressure distribution in the goaf of longwall coal mines[J].International journal of rock mechanics and mining sciences,2004,41(2):193-205.

[198] ZHOU D W,WU K,CHENG G L,et al.Mechanism of mining subsidence in coal mining area with thick alluvium soil in China[J].Arabian journal of geosciences, 2015,8(4):1855-1867.

[199] LI N,WANG E Y,GE M C,et al.The fracture mechanism and acoustic emission analysis of hard roof:a physical modeling study[J].Arabian journal of geosciences, 2015,8(4):1895-1902.

[200] ZHANG M H,WU S Y,WANG Y W.Research and application of drainage parameters for gas accumulation zone in overlying strata of goaf area[J].Safety science,2012,50: 778-782.

[201] WANG C,ZHANG N C,HAN Y F,et al.Experiment research on overburden mining-induced fracture evolution and its fractal characteristics in ascending mining[J].Arabian journal of geosciences,2015,8:13-21.

[202] WU K,CHENG G L,ZHOU D W.Experimental research on dynamic movement in strata overlying coal mines using similar material modeling[J].Arabian journal of geosciences,2015,8(9):6521-6534.

[203] PAN R K,CHENG Y P,YU M G,et al.New technological partition for"three zones" spontaneous coal combustion in goaf[J].International journal of mining science and technology,2013,23:489-493.

[204] 余明高,晁江坤,贾海林.综放面采空区自燃"三带"的综合划分方法与实践[J].河南 理工大学学报(自然科学版),2013,32(2):131-135,150.